植物生物学实验指导

贺学礼 主编

科学出版社
北 京

内 容 简 介

本书根据高等院校植物生物学教学大纲的基本要求和适应创新型人才培养的植物学科知识体系编写，与贺学礼教授主编的《植物生物学》第二版配套。

本书在植物生物学实验基本技术、植物形态解剖实验、植物系统分类实验和植物生理实验知识体系的基础上，新增了植物叶片形态和解剖结构对生态环境的适应、植物物候期观测与记录、变态营养器官观察、植物花粉形态多样性观察、校园植物种类调查与辨识、植物群落物种多样性调查与分析 6 个拓展性实验与实践板块。重点实验内容均有相应的彩色插图，提高了实验教学效率和质量。附录部分主要介绍了常用实验试剂的配制、实验室规章制度和安全常识。

本书可供高等农林院校、综合性院校和师范院校学习植物生物学的学生和教师使用。

图书在版编目（CIP）数据

植物生物学实验指导/贺学礼主编 . —北京：科学出版社，2020.3

ISBN 978-7-03-063561-7

Ⅰ.①植… Ⅱ.①贺… Ⅲ.①植物学-生物学-实验-高等学校-教学参考资料 Ⅳ.① Q94-33

中国版本图书馆 CIP 数据核字（2019）第 272286 号

责任编辑：刘　丹 / 责任校对：王晓茜
责任印制：张　伟 / 封面设计：铭轩堂

科学出版社 出版
北京东黄城根北街 16 号
邮政编码：100717
http://www.sciencep.com

北京九州迅驰传媒文化有限公司 印刷
科学出版社发行　各地新华书店经销

*

2020 年 3 月第　一　版　开本：720×1000　1/16
2023 年 7 月第三次印刷　印张：10 1/4
字数：206 000

定价：69.80 元
（如有印装质量问题，我社负责调换）

《植物生物学实验指导》
编委会名单

主编 贺学礼

参编 赵金莉　唐宏亮　郭辉娟

前 言 Preface

  《植物生物学实验指导》根据高等院校植物生物学教学大纲基本要求和适应创新型人才培养的植物学科知识体系编写，是贺学礼教授主编的《植物生物学》第二版的配套教材。希望新书的出版发行能够对植物学学科建设和读者有所帮助。本书具有如下显著特色：

  1. 紧密结合高等院校植物学学科发展动态和教学体系。

  2. 注重实验的完整性，每个实验包括目的和要求、实验用品、实验内容和方法、课堂作业和思考题等，主要实验内容和代表性植物均附有彩色图片，极有利于老师讲解和学生观察。

  3. 新增了拓展性实验与实践环节，旨在培养学生观察问题、分析问题和解决问题的能力。

  本书分植物生物学基础实验、拓展性实验与实践两大部分和附录。植物生物学基础实验包括实验基本技术、植物形态解剖实验、植物系统分类实验、植物生理实验4章内容，设计21个实验；拓展性实验与实践部分设计6个实验。附录主要介绍常用实验试剂的配制、实验室规章制度和安全常识。本书由河北大学植物学科教师编写，赵金莉编写植物生物学实验基本技术和植物形态解剖实验；唐宏亮编写植物系统分类实验和探究性实验；郭辉娟编写植物生理实验和附录；全书由贺学礼修改、定稿。

  本书在编写过程中，得到河北大学"精品教材"建设项目和生物学"双一流"学科建设经费的资助。

尽管我们主观上希望本书能较好地满足植物生物学实验教学和读者学习需要，但由于编者水平有限，书中难免会有疏漏和不妥之处，敬请广大读者批评指正。

编　者

2019 年 12 月

目 录 Contents

第二部分　拓展性实验与实践

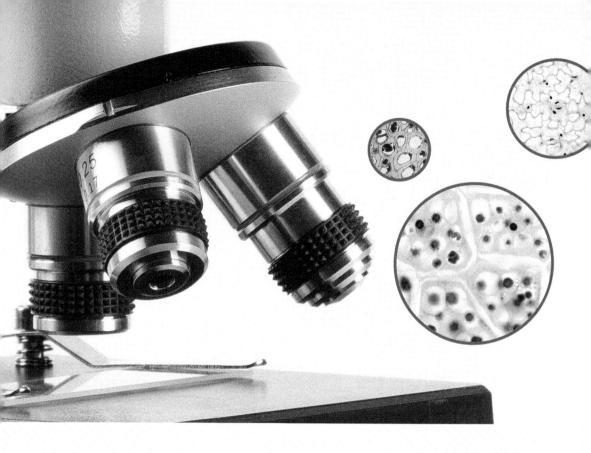

第一部分
基础实验

第一章
植物生物学实验基本技术

第一节　显微镜基本结构和使用方法

显微镜分为光学显微镜和电子显微镜。光学显微镜包括单式显微镜和复式显微镜，其中复式显微镜是研究植物细胞结构、组织特征和器官构造的重要工具。因此，每个学生都必须了解和掌握复式显微镜的构造、使用、维护方法以及显微镜操作技术。

一、显微镜的类型

（一）光学显微镜

光学显微镜是用可见光作光源，用玻璃透镜作成像系统的显微镜，可分为单式显微镜和复式显微镜。单式显微镜结构简单，如由一个透镜组成、放大倍数在 10 倍以下的放大镜；构造稍复杂的单式显微镜为解剖显微镜，也称实体显微镜，由几个透镜组成，其放大倍数在 200 倍以下。放大镜和解剖显微镜放大的物像都是与实物方向一致的虚像，即直立的虚像。复式显微镜结构复杂，至少由两组以上透镜组成，放大倍数较高，包括明视野显微镜、暗视野显微镜、相差显微镜、偏光显微镜、荧光显微镜等。其中，明视野显微镜是植物形态解剖实验中最常用的显微镜，有效放大倍数可达 1250 倍，最高分辨率为 0.2μm。其他显微镜都是在此基础上发展而来的，基本结构相同，只是在某些部分作了一些改变。通常，明视野显微镜简称显微镜。

（二）电子显微镜

电子显微镜是用电子束作照明系统，用电磁透镜作成像系统的一类显微镜，主要由电子束照明系统、电磁透镜成像系统、真空系统、记录系统和电源系统五部分组成。电子显微镜分辨率较高，能分辨相距 2Å（1Å=10^{-4}μm）左右的物体，放大倍数可达 80 万～ 120 万倍，其分辨率比光学显微镜高 1000 倍，是观察和研究植物超微结构的重要精密仪器。

电子显微镜按结构和用途可分为透射电子显微镜、扫描电子显微镜等。透射电子显微镜常用于观察普通显微镜所不能分辨的细微物质结构；扫描电子显微镜主要用于观察固体表面的形貌，也能与 X 射线衍射仪或电子能谱仪相结合，构成电子微探针，用于物质成分分析。

透射电子显微镜（图 1-1）因电子束穿透样品后，再用电子透镜成像放大而得名，它的光路与光学显微镜相仿，可以直接获得一个样品的投影，图像细节的对比度是由样品的原子对电子束的散射形成的。由于电子需要穿过样品，因此样品必须非常薄，可以从数纳米到数微米不等。样品较薄或密度较低部分，电子束散射较少，就有较多的电子通过物镜光阑，参与成像，在图像中显得较亮。反之，样品中较厚或较密部分，在图像中显得较暗。透射电镜分辨率为 0.1 ～ 0.2nm，放大倍数为几万至几十万倍。透射电子显微镜镜筒的顶部是电子枪，电子由钨丝热阴极发射出，通过第一、第二两个聚光镜使电子束聚焦。电子束通过样品后由物镜成像于中间镜上，再通过中间镜和投影镜逐级放大，成像于荧光屏或照相干版上。

扫描电子显微镜（图 1-2）是由电子枪发射出电子束（直径约 50μm），在加速电压作用下经过磁透镜系统汇聚，形成直径为 5nm 的电子束，聚焦于样品表面，在第二聚光镜和物镜之间的偏转线圈作用下，电子束在样品上做光栅状扫描，电子和样品相互作用产生信号电子。这些信号电子经探测器收集并转换为光子，再经过电信号放大器放大处理，最终成像在显示系统上。图像为立体形象，反映了样品的表面结构。扫描电子显微镜的分辨率主要取决于样品表面电子束的直径，放大倍数可从几十倍连续变化到几十万倍。

图 1-1　透射电子显微镜 JEM-100SX　　　图 1-2　台式扫描电子显微镜 Phenom Pro

二、复式显微镜的构造

复式显微镜有单筒目镜和双筒目镜（图 1-3）两种类型。这两种显微镜基本构造相同，都由光学系统部分和机械部分组成。

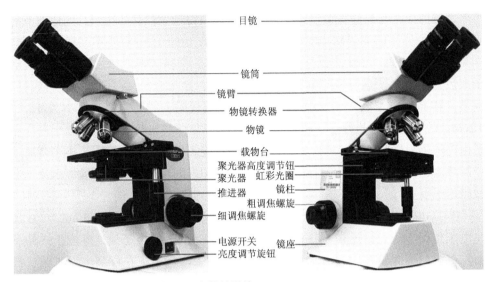

目镜

镜筒

镜臂

物镜转换器

物镜

载物台

聚光器高度调节钮

聚光器　虹彩光圈

推进器　　镜柱

粗调焦螺旋

细调焦螺旋

电源开关　镜座

亮度调节旋钮

图 1-3　光学显微镜 OLYMPUS CX21

（一）机械部分

1. 镜座

显微镜的底座，支持整个镜体，使显微镜放置平稳。

2. 镜柱

镜座上面直立的短柱，支持镜体上的各部分。

3. 镜臂

弯曲如臂，下连镜柱，上连目镜筒，为取、放显微镜时手握的部位。

4. 镜筒

显微镜上部圆形中空的长筒，其上端放置目镜，下端与物镜转换器相连，并使目镜和物镜保持一定距离，一般是 160mm，有的是 170mm。镜筒的作用是保护成像的光路和亮度。

5. 物镜转换器

接于镜筒下端的圆盘，可自由转动。盘上有 4～5 个螺旋圆孔，为安装物镜的部位。当旋转物镜转换器时，物镜即可固定在使用的位置上，保证物镜与目镜的光线合轴。

6. 载物台（镜台）

放置玻片标本的平台，中央有一圆孔，以通过光线。在载物台上装有玻片夹来固定玻片。

7. 推进器

当玻片固定好后，调节推进器旋钮，玻片能向前后左右移动。

8. 调焦螺旋

为了得到清晰的物像，必须调节物镜与标本之间的距离，使其与物镜的工作距离相等，这种操作称为调焦。调节物镜和标本距离的装置称为调焦螺旋或调节器。调焦螺旋位于镜柱两侧，有两对齿轮，大的一对为粗调焦螺旋，转动时可使载物台升降，转动一圈可以升降 10mm；小的一对为细调焦螺旋，旋转一圈可使载物台升降 0.1mm。

9. 聚光器高度调节钮

在聚光器的左侧或右侧，旋转它可使聚光器上下移动，借以调节光线。

（二）光学部分

光学部分由成像系统和照明系统组成。成像系统包括物镜和目镜，照明系统包括电光源和聚光器。

1. 物镜

决定显微镜质量的最重要部件，安装在镜筒下端的物镜转换器上，一般有 4 个放大倍数不同的物镜，即低倍物镜（4× 和 10×）、高倍物镜（40×）和油浸物镜（简称油镜，100×），使用显微镜时可根据需要选择。物镜放大倍数一般在物镜镜头上注明，同时还标有数值孔径，物镜可将被检物体作第一次放大。

显微镜的工作距离是指物镜最下面透镜的表面与载玻片（厚度为 0.17～0.18mm）上表面之间的距离。物镜的放大倍数越高，它的工作距离越小（表 1-1）。一般油浸物镜的工作距离仅为 0.2mm，所以使用时要多加注意。

表 1-1　不同放大倍数物镜的数值孔径和工作距离

物镜放大率	10×	20×	40×	100×
数值孔径（N.A）	0.25	0.50	0.65	1.25
工作距离/mm	6.5	2.0	0.6	0.2

2. 目镜

安装在镜筒上端，通常由两个透镜组成，上面的透镜与眼接触称为接目镜，下面一个靠近视野称为会聚透镜或视野透镜。目镜的作用是将物镜所成的像进一步放大。常用目镜有 5×、10× 和 16× 等放大倍数，目镜的放大倍数一般在目镜镜头上注明。

3. 电光源

电光源安装在显微镜底座上，是 6V、10W 的卤钨灯。

4. 聚光器

聚光器装在载物台下，由聚光镜（几个凸透镜）和虹彩光圈（可变光阑）等组成，它可将平行光线汇集成束，集中在一点，以增强被检物体的照明。聚光器可以上下调节，如用高倍镜时，视野范围小，则需上升聚光器；用低倍镜时，视野范围大，可下降聚光器。虹彩光圈装在聚光器内，位于载物台下方，拨动操作杆，可使光圈扩大或缩小，借以调节通光量。

三、使用显微镜的主要方法和步骤

（一）取镜和放置

按固定编号从镜柜中取出显微镜。取镜时应右手握住镜臂，左手平托镜座，保持镜体直立，防止目镜从镜筒中滑出。放置显微镜时，动作要轻，一般应放在座位左侧距桌边 5～6cm 处，以便观察和防止显微镜掉落。

（二）对光

打开电源开关，调整亮度调节旋钮，使光亮合适并充满整个视场，此时再利用聚光镜或虹彩光圈调节光强度，使视野内的光线既均匀明亮又不刺眼。

（三）双目镜筒间距的调节

用双筒目镜观察时，有时会看到重像，有时只能用一个目镜观察，这是由双筒目镜镜间距与观察者的瞳孔距不一致造成的。调节双目镜筒间距时，用 4× 物镜观察，双眼注视目镜，同时水平方向向外拉动目镜筒，使两目镜的中心距离与观察者的瞳孔距离一致，此时两个圆形视野合二为一。

（四）低倍物镜的使用

观察任何标本，都必须先用低倍物镜，因为低倍物镜视野范围大，容易发现目标和确定要观察的部位。

使用低倍物镜的操作步骤如下：将玻片标本放于载物台上，并用玻片夹固定，旋转推进器旋钮，前后和左右移动玻片，使玻片标本正对通光孔的中心。再将低倍物镜（4×）旋转到中央，旋转粗调焦螺旋，使载物台上升到最高处，然后通过目镜一边观察标本，一边反方向旋转粗调焦螺旋，使载物台慢慢下降，直至看到物像为止。这时，进一步用细调焦螺旋上下转动，使物像达到最清晰的程度。调好后，可根据需要移动玻片，把要观察部分移到视野正中心，找到物像后，还可根据材料的厚薄、颜色、成像的反差强弱是否合适等再进行调节。如果视野太亮，可降低聚光器或缩小虹彩光圈或降低电压，反之则升高聚光器或开大虹彩光圈或升高电压。

（五）高倍物镜的使用

观察较小物体或细微结构时可使用高倍物镜（40×）。由于高倍物镜只能把低倍物镜视野中心的一小部分加以放大，因此，使用高倍物镜前，应先在低倍物镜下选好目标，将其移至视野中央，转动物镜转换器，把低倍物镜移开，小心换上高倍物镜。正常情况下，当换上高倍物镜后，在视野中即可见到模糊的物像，只要略微调动细调焦螺旋，就可获得清晰的物像。换用高倍物镜观察时，视野变小变暗，所以要重新调节视野亮度，此时可升高聚光器或放大虹彩光圈或升高电压。

（六）油镜的使用

油镜使用前，必须先在低倍物镜下找到被检部分，再换高倍物镜调整焦点，并将被检部分移到视野中心，然后再换用油镜。使用油镜前，一定要在盖玻片上滴加一滴香柏油（镜油），然后才能使用。当聚光器数值孔径在 1.0 以上时，还要在聚光器上面滴加一滴香柏油（油滴位于载玻片与聚光器之间），以便使油镜发挥应有的作用。

用油镜观察标本时，绝对不许使用粗调焦螺旋，只能用细调焦螺旋调节焦点。如盖玻片过厚，则不能聚焦，应注意调换，否则就会压碎玻片或损伤镜头。

油镜使用完毕，需立即擦净。擦拭方法是用棉棒或擦镜纸蘸少许清洁剂（乙醚和无水乙醇的混合液，最好不用二甲苯，以免二甲苯浸入镜头后，使树胶溶化，透镜松解），将镜头上残留的油渍擦去。否则香柏油干燥后，就不易擦净，且易损坏镜头。

（七）显微镜使用后的整理

观察结束后，转动物镜转换器使 4× 物镜对着通光孔，然后旋转粗调焦螺旋，使载物台下降到最低位置，取下玻片。调节亮度调节旋钮到最小值，然后关掉电源开关。擦干净镜体，罩上防尘罩，然后用右手握住镜臂，左手平托显微镜底座，按编号收回镜柜中。

四、放大率、数值孔径和视野宽度

显微镜的总放大率是用目镜和物镜原有放大倍数的乘积来表示，如果目镜放大倍数为 10×，物镜放大倍数为 40×，那么显微镜的总放大率 =10×40=400 倍。如果目镜的放大倍数过大，得到的放大虚像则很不清晰，所以一般目镜放大倍数不宜过大。

被检物体细微结构的分辨率并不完全取决于放大倍数，而主要由数值孔径决定。在物镜镜头上常标有 N.A 10/0.25，N.A 40/0.65，N.A 100/1.25（油镜）。N.A 表示数值孔径，也就是镜口率。N.A 值越大，分辨率越高。所谓分辨率是指分辨被检物体细微结构的能力，即判别标本两点之间最短距离的本领。因此，数值孔径越大，物镜的分辨率越高，它是衡量显微镜质量的最主要依据。欲使显微镜发挥它的能力，除有高级物镜外，还必须有优良的聚光器，因为物镜分辨率也受聚光器数值孔径影响。物镜有效数值孔径的计算公式如下：

物镜的有效数值孔径 =（物镜数值孔径＋聚光器数值孔径）/2

例如，数值孔径为 0.65 的物镜，如与数值孔径为 0.45 的聚光器配合使用，则物镜的有效数值孔径就降低为 0.55。因此，聚光器的数值孔径应该与物镜数值孔径一致。通常聚光器上仅刻有最大数值孔径的数值，因此，使用时要注意调节，使二者镜口率相等。

目镜光阑所围绕的圆即视野宽度。视野宽度越大，观察玻片标本的面积越大，则显微镜放大倍数越小。所以，视野宽度与放大率成反比。因此，当将低倍物镜转换成高倍物镜时，必须先把标本移到视野正中央，否则标本的影像落到缩小的视野外面，反而找不到需要进一步放大的物像。

五、解剖显微镜的构造和使用方法

解剖显微镜的机械部分由底座、载物台、调焦螺旋和连续变倍螺旋等组成（图1-4）；光学系统由变倍物镜、半五角棱镜、直角棱镜和目镜组成。被观察物体经变倍物镜第一次放大后，成像于视场光阑处，再由目镜作第二次放大，半五角棱镜可使光轴偏转 45°（便于观察），直角棱镜则使物像正转，使目镜焦平面上观察到与物体方位一致的正像，这有利于在解剖镜下进行实际操作。直角棱镜组可转动，以便调节瞳间距离，满足不同的双眼瞳距。变焦系统为机械补偿式结构，通过旋转连续变倍螺旋，可选择物镜的放大倍数，并能获得稳定的像面。

解剖显微镜的操作步骤如下。

（1）接通电源，根据使用者需要可选择透射或反射照明系统。

（2）将被观察物体放在载物台中心位置，并用片夹压稳。

（3）扳动左右目镜筒，使之与使用者双眼瞳距一致，便于观察。

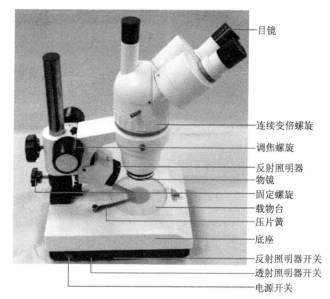

目镜

连续变倍螺旋
调焦螺旋
反射照明器
物镜
固定螺旋
载物台
压片簧
底座
反射照明器开关
透射照明器开关
电源开关

图 1-4 解剖显微镜

把物镜调节到最低倍数（0.7×），然后慢慢转动调焦螺旋，先使右目镜能看到清晰物像，再调节左目镜视度圈，使左目镜得到与右目镜同样清晰的物像。

（4）根据使用者的需要，可通过连续变倍螺旋调节放大倍数。

六、使用显微镜的注意事项

显微镜是一种结构很精密的仪器，使用时必须十分小心，并注意下列事项。

（1）使用显微镜时，必须严格按照操作规程进行。

（2）使用显微镜时应轻取轻放，防止震动和暴力，以免造成光学系统光轴偏斜而影响观察。

（3）使用显微镜时不得自行拆开光学零件，不要把目镜从抽管中取出，否则会使灰尘落入镜筒内，不易清除。如果必须将目镜取出，应立即用布或其他物品将其盖好。

（4）用高倍物镜观察标本时，必须先用低倍物镜观察，调节焦距，观察到清楚的物像后，再换高倍物镜，慢慢调节细调焦螺旋，直至物像清楚为止。高倍物镜的工作距离较小，操作时要非常小心，以防压碎玻片。

（5）油浸物镜一定要在盖玻片上滴油后才能使用，用毕应立即将油擦干净。方法是用擦镜纸蘸少许清洁剂，将镜头上残留的油渍擦净，否则干后就不易擦去，而损伤镜头。

（6）为了保持显微镜各部分的功能，尽量避免潮湿和灰尘，否则就会影响镜头和各个活动部分的使用。因此，要常备一块纱布和一块绸布，用纱布拭去金属部分的水分、潮气和灰尘等；绸布用来拂去光学玻璃部分的灰尘。在气候潮湿地区，应在显微镜的镜柜内放氯化钙，保持干燥，防止镜头发霉，氯化钙失效后须立即更换。

（7）化学试剂很容易污染光学玻璃，使其晦暗变色。有些化学试剂的蒸气也易氧化镜头，须将光学玻璃保护好，避免与化学试剂或药品接触和靠近。存放之前，必须擦拭干净。物镜里面不易清洁，可用毛笔拂拭，切不可用手指触及玻璃。镜头外面可用擦镜纸蘸少许乙醚与无水乙醇的混合液擦拭。

第二节　显微镜测微尺的使用方法

显微镜测微尺能正确量出显微镜所观察物体的大小，通常包括镜台测微尺和目镜测微尺两部分，两者配合使用测量被观察物体的长度和面积。

1. 镜台测微尺

一块长方形的载玻片，在中央部分有一具等分线的圆形盖玻片，上面的等分线长为 1mm，被分成 100 个小格，每小格长 0.01mm，即 10μm（图 1-5）。

2. 目镜测微尺

放在目镜内的一种标尺，是一块圆形玻璃片，直径 20 ～ 21mm，正好能放入目镜内，上面刻有不同形式的标尺。测微尺有直线式和网格式两种。用于测量长度的一般为直线式，共长 10mm，也被分成 100 个小格；网格式的测微尺可用来计算数目和测量面积（图 1-6）。

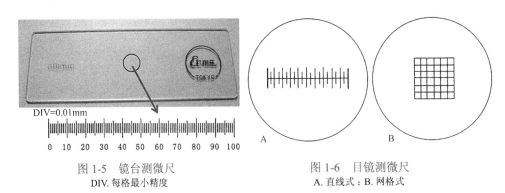

图 1-5　镜台测微尺
DIV. 每格最小精度

图 1-6　目镜测微尺
A. 直线式；B. 网格式

3. 长度测量法

测量长度时，通常以目镜测微尺和镜台测微尺配合使用，先将目镜测微尺的圆玻片放入目镜中部的铁圈上，观察时即可见标尺上的刻度，但其每一个小格的长度不是固定的，而是随着物镜放大倍数的变化而变化，所以不能直接用它来测量长度，必须先用镜台测微尺确定它每一小格的值。具体方法是：先将镜台测微尺放在载物台上，如观察普通标本一样，调节焦距，使标尺上的刻度能观察清楚后，即可移动镜台测微尺，使镜台测微尺与目镜测微尺的刻度重合（图 1-7），选取成整数重合的一段，记录两者的格数，然后计算目镜测微尺每格的长度。如果目镜测微尺的 100 格等于镜台测微尺的 90 格，那么在当前的放大倍数下目镜测微尺每格长度为 9μm。这

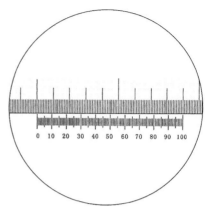

图 1-7　测定目镜测微尺每格的实际长度
上方标尺为镜台测微尺，下方标尺为目镜测微尺，
目镜测微尺的 100 格与镜台测微尺的 90 格重合

时，就可将镜台测微尺移去，换上待测量的标本，如果用目镜测微尺测得细胞长度为 10 格，那么细胞的实际长度为 9×10 ＝ 90μm。

$$目镜测微尺每格的值 = \frac{镜台测微尺的格数 \times 10μm}{目镜测微尺的格数}$$

第三节　植物组织制片技术

一、徒手切片法

徒手切片法，狭义上是指用刀把新鲜材料切成薄片的方法。广义来讲，只要不经任何处理而直接用刀或徒手切片器切新鲜材料，就称为徒手切片法。徒手切片是制作切片一种最简单的方法，对草本植物器官，甚至木本植物较细的嫩枝均可采用。徒手切片的方法与步骤如下。

1. 取材和切片

切取一小段（长约 2cm）植物的茎（或其他器官），用左手拇指、食指和中指夹住材料，材料要稍高于拇指 2mm 左右，右手执双面刀片，刀片要锋利，刀口向内自左上向右下拉刀。切时用臂力而不用腕力，用力不要太猛，不要直切。切片时只动右手，左手不动，更不要来回拉切。不论切什么材料，切片前刀片及材料都要蘸水。每切几片后，用毛笔蘸水将材料转移到有水的培养皿中，然后选择最薄的进行染色装片。有些材料过于柔软，则需夹入较硬又易切的夹持物中，

一般常用萝卜、胡萝卜或土豆等作为夹持物。

2. 固定和染色

将已经检查合格的切片移入培养皿中，依次用 50% 乙醇溶液、70% 乙醇溶液固定脱水 2～3min（或更长时间）后换入含 1% 番红的 70% 乙醇溶液，染色 5～10min（或更长时间），用 70% 乙醇溶液洗涤两次，经 85% 乙醇溶液、95% 乙醇溶液脱水，每级 2～3min，用含 0.5% 固绿的 95% 乙醇溶液染色 0.5～1min，用 95% 乙醇溶液洗涤两次，使颜色深浅适度，最后侵入无水乙醇 1～2min，洗涤两次。

3. 透明和封片

脱水至 100% 乙醇时须换干燥培养皿，以保证脱水完全。将脱水后的材料换入二甲苯透明 2～3min，再将材料轻轻挑起放入清洁干燥的载玻片上，加滴加拿大树胶，盖上盖玻片，烘干。

二、涂抹制片法

涂抹制片法是将植物器官或组织处理（如先染色）后，将其涂抹或压成一薄层，或不经过任何处理压成一薄层的方法。这可作为临时观察研究的方法，也可经过一系列脱水、透明程序后制成永久封片。本法对根尖、茎尖、叶原基、花药等材料很适用，尤其是细胞学研究（如染色体计数、核型分析等）的重要方法。其缺点是制片后组织杂乱，过多地改变了原来的形态结构。涂抹制片的方法与步骤如下：如以根尖为材料，一般步骤为前处理→固定→分离软化→染色与涂片→封片。

1. 前处理

根尖固定、染色之前，用秋水仙素处理，因为秋水仙素能够专一抑制纺锤丝的形成，分裂中的细胞可以被阻止在中期，并使细胞膨胀，染色体缩短分开，以便观察计数。常用 0.01%～0.1% 秋水仙素处理 1～4h，也可用浓度为 0.004%～0.005% 的 8- 羟基喹啉处理 3～4h。用秋水仙素进行前处理时，如果时间控制不好，染色体会过分缩短，且会出现染色体数目加倍，必须注意时间不能太长。

2. 固定

经过前处理的材料，一般再经过约 1h 的短时间固定，尽快杀死细胞，尽可能保持原有结构。常用的固定液为 95% 乙醇溶液和冰醋酸以 3：1 配制而成。如不立即涂片观察，材料固定 1h 后，移入 70% 乙醇溶液，置于冰箱，低温下保存，但一般保存时间不宜过长，否则不易涂片和着色。

3. 分离软化

经过固定的材料还需软化，常用 10% 盐酸溶液或 95% 乙醇溶液和浓盐酸等量混合配成的溶液，浸泡 20～30min。目的是破坏细胞间的果胶层，使细胞分离软化，便于涂片。

4. 染色与涂片

将软化过的材料，用清水洗涤后，放在载玻片上，用刀片切下颜色深根尖的很小一点，其余部分去掉，加上地衣红染色剂，染色数分钟后（时间随材料不同而异），盖上洁净盖玻片，用手指轻压一下，再用铅笔的平头一端从中心往边缘轻轻敲打，用力不能过猛，在此期间，不要移动盖玻片，涂压成均匀的涂片，便可镜检。

5. 封片

经镜检，发现理想的片子，可制成永久片，以便较长时间保存，用于观察研究。制作过程：准备 5 套直径约 12cm 的培养皿，每套培养皿中放一根短玻璃棒，按顺序倒入 50% 乙醇溶液 → 95% 乙醇溶液 → 100% 乙醇溶液 → 1/2 无水乙醇 + 1/2 叔丁醇 → 叔丁醇。将盖玻片向下放入 50% 乙醇溶液的培养皿中，一端搁在玻璃棒上，使盖玻片自然脱落，然后将盖玻片或载玻片（看材料粘在哪个玻片上）按上述顺序脱水各 5 ～ 10min，最后用滤纸吸去多余的叔丁醇，滴上加拿大树胶封片。

三、组织分离制片法

植物组织分离制片法，是通过各种机械或化学药剂等处理，使组织中的细胞彼此分离的制片方法。分离出来的细胞单元，可在显微镜下观察其长、宽、厚的立体形态结构。

（一）硬组织离析法

1. 杰弗赖（Jeffrey）离析法（硝酸-铬酸法）

取枝条等硬组织材料，用利刀纵削成长 1 ～ 2cm 的碎片，投入试管中，加水煮沸数分钟，排出材料中的空气，直至材料沉入试管底部。然后将材料浸泡入杰弗赖浸离液（10% 硝酸溶液与 10% 铬酸溶液等量混合）中，放在 35℃温箱中 2 ～ 3d。在浸离过程中，浸离液由红黄色渐变为绿色，以至黑绿色，浸离液的作用也渐渐减弱。如果材料仍未松软，可重新换新的浸离液，加速细胞离析。离析完毕，倾去浸离液，用水冲洗 4 ～ 5 次，每次 5 ～ 10min，将酸类完全冲洗掉，保存于 70% 乙醇溶液中备用。洗涤时，由于材料松软，细胞全离析不易收集，最好用离心机离心。

2. 舒尔泽（Schultze）法（浓硝酸法）

浓硝酸离析作用很强，适用于极坚硬材料（如木材）的离析。具体方法：

将坚硬的木材块先敲成碎块，然后投入盛有浓硝酸（用 1 份市售浓硝酸加 1 份蒸馏水制成）的试管中，材料需完全浸没在硝酸溶液中，再加入少量氯化钾晶体，在酒精灯上微加热以至沸腾，直至材料变白为止，倾去浸离液，用清水冲洗 4 ～ 5 次，并随时用玻璃棒搅动，最后保存于 70% 乙醇溶液中。

（二）软组织离析法

1. 盐酸法

将植物茎段沿纵轴切成若干小片，浸入 4 份 95% 乙醇溶液及 1 份盐酸的混合液中 1 ～ 2d；换水洗 4 ～ 5 次，移入 10% 氨水 10 ～ 15min，再用水洗；为了加速离析，可用玻璃棒搅动，用解剖针撕分；分离后的材料保存于 70% 乙醇溶液中备用。

2. 氨水离析法

适用于观察分生组织细胞的立体形态结构。将刚发芽的蚕豆、大豆或其他植物幼根，纵切成薄片，在浓氨水中浸泡 24h，以溶去细胞之间的中胶层，再在含 10% 氢氧化钠溶液的 50% 乙醇溶液中浸 24h，然后用水清洗。最后，用染纤维素的方法染色，使材料出现深蓝色。取少许材料于载玻片上，盖上盖玻片，用解剖针柄轻敲，使细胞完全分离。在显微镜下可观察到分生细胞的立体形态。

染色方法：用 1% 碘液滴在材料上，然后再加一滴 66.5% 硫酸溶液染色，使材料变深蓝色。

1% 碘液的配制：先将 1.5g 碘化钾溶于 100mL 蒸馏水，待完全溶解后，加入 1g 碘，震荡溶解。

66.5% 硫酸溶液的配制：7 份浓硫酸加上 3 份蒸馏水配制而成。配制时将浓硫酸慢慢加入蒸馏水中，并不断用玻璃棒搅动。

四、临时装片法

临时装片法是将实验材料（已切好的徒手切片或一些低等植物如衣藻、水绵等小型实验材料）放置在载玻片上，加一滴水，然后加盖盖玻片，做成临时装片进行显微镜观察。

具体操作方法如下：先用滴管在洁净载玻片中央滴一滴清水，然后把准备好的材料放在载玻片上的水滴中，用拨针或镊子将材料展开，使各部分都在同一平面上。用镊子夹起盖玻片，使盖玻片一边接触水滴边缘，然后轻轻放下盖玻片。这样，盖玻片下的空气被水挤掉，可避免产生气泡。

如果所做的临时切片需要染色，可在盖玻片一端加一滴染色剂，在盖玻片另一端用吸水纸吸水，让染色剂迅速扩散，进到材料中进行染色；也可在加盖盖玻片之前加染色剂。

五、石蜡切片法

能够经得住石蜡切片法中各种药剂处理的材料都可用该法制片。用石蜡切片法能切成极薄而连续的切片，因此石蜡切片法是植物制片中最常用的一种方法。

石蜡切片法具体操作步骤如下。

1. 选择材料

用作制片的材料，应根据观察目的适当选择。

2. 材料固定

将选择好的材料，用水洗去上面尘土。用根作材料制片，则应先放在水中用毛笔轻轻洗刷干净，然后用刀片截取材料。柔软材料的截取，可放在一张湿滤纸上或放在指头上小心切下，切时压力不能太大，以免压坏组织。为了使固定液迅速透入材料，截取的材料体积不宜过大，一般以 $0.5 \sim 1cm^3$ 为宜。体积大者，宜切短些；体积小者，可切长些。圆柱状材料，其直径超过 1cm 者，则取圆形截面面积的 1/2 或 1/4。

材料切好后，应立即投入固定液中。固定液的选择，按材料性质及制片目的而定。固定液的用量，一般最少为所固定材料总体积的 20 倍。含水分少的材料可减少固定液用量，含水分多的材料应多换一次固定液，以保证固定液维持一定浓度。

通常材料多含有空气，以致固定时漂浮起来，阻碍固定液透入，所以材料放入固定液后要抽气。常用的抽气方法是把盛有材料及固定液的小玻璃瓶放在真空干燥器中进行抽气。抽过气的材料，应沉入固定液中。

材料固定完毕，若不急于制片，而所用固定剂又可作为保存剂，则可以放在固定液中保存起来；如果是不能作保存的固定剂，必须换至 70% 乙醇溶液中保存。

3. 脱水

用作脱水的药品，一方面是喜水性的，能与水混合用以除去细胞中的水分；另一方面必须能与其他有机溶剂互相替代。最常用的脱水剂为乙醇，一般经过下列各级浓度：50%、70%、85%、95%、100%。材料在各级乙醇中的时间，视材料大小而定，如果材料不太大（小于 $2mm^3$）时每级 $2 \sim 4h$，已切好的切片每级停留 $3 \sim 20min$。

4. 透明

脱水后要经过一种药剂，一方面使材料透明干净，另一方面便于包埋剂及封固剂进入。一般用乙醇脱水的制片都要经过透明步骤，材料经 1/2 无水乙醇和 1/2 二甲苯混合液后，进入纯二甲苯中透明，每级停留 2 ~ 6h。材料在 1/2 无水乙醇和 1/2 二甲苯混合液中时，可加入少许番红干粉，使材料着色，便于其包埋在石蜡中后容易被看见，切片时易于辨别材料的方向。

若材料放入 1/2 无水乙醇和 1/2 二甲苯混合液中时，溶液变混浊，说明材料中含有水分，材料脱水不彻底，应把材料退回无水乙醇中再进行脱水。

5. 浸蜡

石蜡切片法所用的包埋剂是石蜡，石蜡熔点的选择应根据具体情况而定，如果材料较硬，选用熔点较高的石蜡，材料较软，选用熔点较低的石蜡；切片较薄（在 8μm 以下）时选用熔点较高的石蜡；夏天用熔点较高的石蜡，冬天用熔点较低的石蜡。

浸蜡过程是使石蜡慢慢进入浸有透明剂的材料中，然后用石蜡完全代替透明剂进入材料组织中。浸蜡方法如下：材料经二甲苯透明后，倒去一部分二甲苯，然后轻轻倒上已熔化的石蜡，等倒入的石蜡凝成固体后将装有材料的小瓶放在 35 ~ 37℃温箱中过夜，经 1 ~ 2d 直至石蜡不再继续熔化为止。调节温箱温度到 56℃，待石蜡完全熔化后倒去，换 3 次新鲜纯蜡，每次停留 2 ~ 5h，使留在组织内的二甲苯全部被石蜡替代。

用过的蜡可以重新使用，这不仅是节约，而且用过的蜡比新蜡更好用，所以必须收回用过的蜡，其经过熔融过滤等程序即可再用。

6. 包埋

包埋之前准备一把镊子、一盆冷水、一个酒精灯及火柴，放在温箱旁。然后准备包埋用的纸盒，纸盒必须用较硬而光滑的纸折成，纸盒大小根据材料的大小及多少而定。

包埋时将融化的石蜡连同材料一并倾于纸盒内，再将纸盒加满熔化的石蜡，然后将镊子或解剖针在酒精灯上烧热，趁热迅速把材料按需的切面及材料之间的间隔排列好，待石蜡稍微凝固后，将纸盒平放入冷水中，使其很快凝固。总之，包埋过程要尽量迅速，如果石蜡凝固太慢会发生结晶，已结晶的石蜡是不能切片的。

7. 修块

准备一些长方形硬木块，将木块一端先浸渍熔化的废蜡，然后将具有材料的蜡块粘在木块上，要注意材料的方向，再用烧热的解剖针烫蜡块与木块的接合处，使其连接牢固，冷凝后再用刀片将材料四周多余的蜡修去。

8. 切片

石蜡切片法一般使用转动切片机。切片时，把切片刀装上，再把木块夹在固着装置上，调整固着装置，使材料的切面与切片刀口平行。调整厚度标志，使所指刻度正适合所要厚度，然后左手持毛笔，右手转动切片机进行切片。左手拿毛笔把蜡带轻轻托住，右手不停摇动切片机，便可得到连续切片。

9. 粘片

蜡片切好后，要粘在载玻片上，这个步骤称为粘片。将彻底洗净的载玻片涂上一小滴粘贴剂，将明胶粘贴剂涂匀，加几滴 3% 福尔马林或蒸馏水，用解剖针或解剖刀轻轻将蜡片放在液面上，然后将载玻片放在温台上。蜡片受热后慢慢伸直，待完全伸直后，用解剖针调整好材料在载玻片上的位置，再用吸水纸吸去多余水分，放温台上烤干。蜡片背面比较平滑，正面较为粗糙，因此应将背面和载玻片接触，这样粘贴比较牢固。

明胶粘贴剂的配制：明胶（粉末状）1g、蒸馏水 100mL、石炭酸 2g、甘油 15mL。先将粉末状明胶慢慢溶入微温（36℃）的 100mL 蒸馏水中，待完全溶解后，再加入 2g 石炭酸与 15mL 甘油，搅拌使完全溶解，然后过滤，储存于有玻璃塞的瓶中。

10. 染色制片

切片干燥后，可按各种不同的染色法制片。染色前先要经过脱蜡。就是将材料外面及渗透到组织中的石蜡溶解掉，溶蜡剂常用二甲苯。步骤是将切片放于纯二甲苯中 5 ～ 10min，待溶去石蜡以后再转至 1/2 二甲苯＋1/2 无水乙醇中，然后从无水乙醇开始，逐级降低乙醇溶液浓度，直至配制染色液的乙醇浓度，再浸入染色液中染色。染色后制作永久制片。

六、滑走切片法

滑走切片法是用滑走切片机对植物材料直接进行切片的方法，它适合于一些较硬的材料，如木本植物茎、根、枝条等的切片。在制作滑走切片之前常须对材料进行软化处理，一般除先用水煮外，可用下列两种方法软化。

1. 甘油-乙醇软化法

凡要处理的材料，都应先用抽气机或简易抽气办法除去材料内部的气体，以免妨碍软化剂渗入。也可用水煮法，水煮兼有使木材软化的作用，平常木材煮 1 ～ 2h，冷却后再投入甘油-乙醇软化剂（甘油：95% 乙醇溶液 =1 ：1）中。软化时间视木材性质不同，一至数星期。检查软化是否合适，可用刀片切割材料，如较容易切下薄片，则表示已软化好。

2. 氢氟酸软化法

预处理的材料最好先煮 2 ~ 3h，而且要间歇反复进行，或者连续煮沸 24h（注意随时加水），冷却后放入市售浓度（37% ~ 40%）的氢氟酸与水各半的混合液中软化，特硬的材料须用原液浓度软化。盛装氢氟酸不能用玻璃或陶瓷器皿，必须用特制蜡质或塑料容器，也可在玻璃容器内浸涂一厚层石蜡。软化操作最好在通风橱内进行，一个月左右可以软化完全。检查是否已软化合适时，必须先用流水充分洗涤后才进行切割，并且要戴上医用橡皮手套。软化好的材料可放在多孔的小盒中流水冲洗 2 ~ 3d。

用滑走切片机切片时，先准备一个盛有蒸馏水的培养皿和一支毛笔，并把要切的材料准备好。切片时先把切片刀固着在切片刀固着器上，然后把材料用两片木片夹着，材料露出木片 0.5cm，再固着于切片机的固着器上。调好材料高度，使刀刃靠近材料切面，并使材料与刀刃平行。调整厚度调节器，使所指刻度为所要求切片的厚度，便可进行切片。切片时用右手扶切片刀固着器，往自己方向拉，材料便被刀切下而附着于刀的表面上。此时用毛笔蘸水把切片取下放于培养皿中，然后把刀推回，转动厚度推进器后，再拉切片刀。如此来回推拉，便可获得许多厚度均匀的完整切片。如切坚硬材料，可将其直接夹在切片机固着器上；柔软材料可将其先夹于胡萝卜或土豆中再进行切片。

七、超薄切片技术

电子显微镜的应用大大推动了生物学和医学的发展，特别是使细胞学研究从显微水平发展到亚显微水平。电子显微镜技术和放射自显影、细胞化学等技术相结合，使静态的形态学研究和动态的生物化学研究融汇在一起，为在分子水平上探讨和了解生命活动的奥秘提供了有力工具。电子显微镜样品制备的好坏往往决定着研究工作的成败，因此，样品制备在整个电子显微镜工作中是极为重要的环节。

1. 取材

用于固定的材料要求切割成 $1mm^3$ 的小块。太大固定液不易透入，造成材料内外固定不均匀；太小则材料受损伤的比例增高。取材时应注意：由于要求切的组织块很小，组织受损伤的比例相当大，这无疑会引起细胞代谢的巨大变化，因此，切取后的组织应立即放入固定液中进行固定；植物体大多数部位的组织是由各种类型细胞组成的，因此在取材之前必须对材料所包含的细胞类型有比较清楚的了解，特别注意要使实验和对照的取材严格一致。

2. 固定

做超薄切片时，大多数研究者采用戊二醛和锇酸双重固定法，具体步骤如下。① 将材料切成约 1mm³ 的小块，立刻投入用 0.2mol/L 磷酸缓冲液（pH7.3）配制的 2.5% 戊二醛固定液中，于室温下固定 2h。② 倒去戊二醛固定液，材料用 0.1mol/L 磷酸缓冲液冲洗 3 次，每次放置 30min。③ 用 2% 锇酸 [以 0.2mol/L 磷酸缓冲液（pH7.3）稀释 4% 锇酸贮存液而成]，在 4℃ 冰箱中固定 2 ～ 4h。④ 用磷酸缓冲液冲洗 [同②]。

3. 脱水

经戊二醛和锇酸双重固定后并彻底清洗过的材料即可开始脱水。对常用的环氧树脂包埋剂而言，乙醇、丙酮、氧化丙烯作为脱水剂比较合适。脱水要逐级进行，在 90% 浓度之前，每级停留的时间可短些，到达 90% 浓度之后要适当延长脱水时间。一般可按下列步骤进行：30% 丙酮溶液 15min → 50% 丙酮溶液 15min → 70% 丙酮溶液 15min → 80% 丙酮溶液 15min → 90% 丙酮溶液 15min → 100% 丙酮 30min → 100% 丙酮 30min。

4. 渗透、包埋与聚合

最常用的包埋剂是环氧树脂类，如 Epon812、ELR-4206 和 Araldite，它们的主要区别是黏度不同。包埋剂 Epon812 混合物可按表 1-2 配制。

表 1-2　包埋剂的配制

	春、秋季	夏季	冬季
Epon812/mL	13	13	13
十二烷基丁二酸酐（DDSA, 软化剂）/mL	8	7	10
甲基纳迪克酸酐（MNA, 固定剂）/mL	7	10	1～8
2，4，6-三（二甲氨基甲基）苯酚（DMP-30, 加速剂）	15滴（0.4mL）	15滴	15滴

前三种药物按顺序混合后搅拌均匀，然后边搅动边一滴滴加入 DMP-30，每加一滴充分搅拌后，再加下一滴，一般要搅拌 30min 以上。用环氧树脂作包埋剂时，整个渗透、包埋和聚合的操作步骤如下：① 植物材料转入丙酮：包埋剂 = 3 ：1 的混合物中渗透 2h。② 材料转入丙酮：包埋剂 =2 ：2 的混合物中渗透 2h。③ 材料转入丙酮：包埋剂 =1 ：3 的混合物中渗透 2h。④ 材料转入纯包埋剂中过夜。⑤ 将材料转入包埋板中，放好标签，注满纯包埋剂，放入 37℃ 温箱中过夜。⑥ 将包埋板放入 60℃ 温箱中聚合 24 ～ 48h。

5. 切片

将修整好的标本块固定在切片机样品臂内，然后将做好刀槽的玻璃刀装在刀架上，使样品块的长边在下，与刀呈 4° ～ 8° 的间隙角。调整灯光位置，使成暗场照明，在双目显微镜下选择刀口。锋利部分光缘极细，几乎看不到亮线出现，而刀口有缺陷的部分则因光缘散射出现明显亮线。选好刀口后，将蒸馏水注入刀槽内，使液面水平，刀口润湿。将组织块对准所选用的刀口，先用粗调，后用细调使样品接近刀口。手动使刀微量推进，同时让样品作上下切割运动，直至切下切片，这时立即开启自动钮，开始正式切片。然后用具膜的铜网将厚度为70nm以下的切片粘起，置于培养皿中的滤纸上干燥。

6. 染色

超薄切片的染色是通过某些重金属原子和细胞超微结构结合后，增加细胞各组分对电子的散射能力，从而提高标本的电子反差，使标本影像在电镜下看得更为清晰。超薄切片的常规染色是采用醋酸铀和柠檬酸铅的双染法。

八、显微化学方法

显微化学方法在研究植物器官、组织和细胞内含物时被广泛应用。植物解剖学中，利用新鲜材料与染色或化学反应方法结合，一方面用来确定植物细胞壁或内含物的化学性质，另一方面用来分辨细胞结构。显微化学实验可先用徒手切片法将材料切成薄片，一般为 $20 \sim 40\mu m$，如果太薄，有时因为所要观察的内容物太少，反而不易清楚地显示结果。

1. 显示纤维素的化学方法

植物细胞壁最主要的成分是纤维素。纤维素在碘和硫酸作用下变成蓝色。细胞中纤维素的成分越多，蓝色越明显，如强烈木质化的细胞壁，纤维素虽然仍能发生上述反应，但因它被木质素掩盖，因此不能与碘和硫酸反应，而不变蓝色。

方法是用1%碘液滴在材料上，然后再加一滴66.5%硫酸溶液（7份浓硫酸＋3份蒸馏水），经过这样处理，细胞壁的纤维素呈蓝色反应。

2. 显示木质素的间苯三酚反应

间苯三酚反应是植物显微化学中检验木质化最常用和最简单的方法。切片先用一滴盐酸浸透（因间苯三酚在酸性环境下才能与木质素起作用），然后滴上一滴间苯三酚的乙醇溶液（含5%～10%间苯三酚的95%乙醇溶液中）。木质化细胞壁可显樱桃红色或紫红色。其颜色深度取决于细胞壁木质化的程度。此染法不适于制作永久切片，因颜色会慢慢褪去而变成淡黄色。

3. 显示淀粉粒的碘-碘化钾反应

淀粉是植物细胞中主要的贮藏物质，它们在各种不同的植物细胞中形成各种不同形状的颗粒。一般来说，淀粉本身具有特殊形状和光学特性，不必用专门的化学方法检验。由于碘与淀粉作用形成碘化淀粉呈蓝色反应，因此用碘液测试淀粉已成为最常用方法。

碘液的配制：先将2g碘化钾放入5mL蒸馏水，加热使之完全溶解，然后溶入 1g 碘片（结晶），再用水稀释至 300mL。将配好的溶液放入棕色玻璃瓶中，保存在暗处。用时最好再将此试液稀释 2 ～ 10 倍，否则会将淀粉粒染色过深。

4. 显示多糖的高碘酸希夫反应

利用高碘酸（氧化剂）破坏多糖分子中的 C—C 键，使之变为醛基，醛基与希夫试剂（无色亚硫酸复红）结合，生成红色的反应产物。这一过程称为高碘酸希夫（PAS）反应。

本反应所用试剂配制如下。

（1）0.5% ～ 0.8% 高碘酸溶液。

（2）希夫试剂：将 1g 碱性品红溶于 200mL 煮沸的蒸馏水中，摇动 5 ～ 10min，冷却到 50℃时过滤。向滤液中加入 1mol/L 盐酸 20mL，冷却至 25℃，加 2g 偏亚硫酸钾（或钠盐），摇匀，暗处静置过夜。加活性炭 2g，摇动 2 ～ 3min，用滤纸将溶液过滤于棕色细口瓶中。滤液应该是无色或淡黄色，若呈红色则不能使用。将合格的染液置于黑暗低温（0 ～ 4℃）下贮存备用。用前将染液升到室温。根据前人的经验，使偏亚硫酸钾 2 ～ 3 倍于碱性品红，可增强希夫试剂活力。在提高偏亚硫酸钾用量的情况下，可使碱性品红变成无色，不用活性炭去色过滤。

（3）洗涤液——偏亚硫酸钾（钠）溶液：10% 偏亚硫酸钾（钠）溶液 5mL、1mol/L HCl 5mL、蒸馏水 90mL。临用时将三者混合，使用新鲜混合液。

制片程序：① 切片脱蜡至蒸馏水。② 流水冲洗 15 ～ 30min。③ 0.5% ～ 0.8% 高碘酸溶液处理 10min。④ 流水洗涤 5 ～ 10min，蒸馏水过渡。⑤ 移入希夫试剂中 20 ～ 30min。⑥ 用偏亚硫酸钾溶液洗 3 次，每次 2 ～ 3min。⑦ 流水洗涤 10 ～ 15min，并通过蒸馏水 5min。⑧ 按常规通过各级乙醇脱水，二甲苯透明，树胶封片。

5. 显示蛋白质的氯化汞-溴酚蓝法

蛋白质是构成原生质体的主要成分，也可成为后含物贮藏在细胞内，成为无定形结晶体或糊粉粒。目前测定糊粉粒最普遍的方法是氯化汞 - 溴酚蓝法［试剂配制：10g 氯化汞（HgCl$_2$）、0.001g 溴酚蓝，溶于 100mL 蒸馏水中］。

向切片滴上此液一滴，染色 5min 后用 0.5% 乙酸溶液冲洗，除去切片上多余染料，再放在培养皿中水洗 5min，用甘油封藏观察。细胞中有糊粉粒则被染成鲜蓝色。

6. 显示油、脂肪、挥发油的化学方法

植物解剖中，染脂肪性物质最常用的是苏丹Ⅲ染液，它有两个浓度不同的配方。

A. 苏丹Ⅲ（或苏丹Ⅳ）0.1g、95% 乙醇溶液 10mL、甘油 10mL。

B. 苏丹Ⅲ（或苏丹Ⅳ）0.01g、95% 乙醇溶液 5mL、甘油 5mL。

切片放在上述任一种溶液中染色 24h，然后用 50% 乙醇溶液洗涤，放入甘油中观察，油脂可染成淡黄色或红色，同时为了加速染色，可以微微加热。

7. 显示单宁的亚硫酸铁反应

单宁是一类酚类化合物的衍生物。许多植物细胞中都含有单宁，它存在于细胞质、液泡或细胞壁中。单宁被认为具有保护植物，抗水解、腐烂和动物危害的作用。

将新鲜组织切片放入 0.5%～1.0% 亚硫酸铁溶液或氯化铁溶液（0.1mol/L HCl 配制）中染色后，可作暂时性封片进行观察；也可经乙醇脱水，二甲苯透明，制成永久制片。染色后若出现蓝色沉淀物则表明单宁存在。

8. 显示 DNA 的福尔根反应

切片经 1mol/L HCl 60℃水解处理后，DNA 脱氧核糖间的醛基成为自由状态。希夫试剂同暴露出来的醛基发生反应，将核的染色质染成深紫红色。

本反应所用试剂如下：① 1mol/L HCl。② 希夫试剂，配制见"显示多糖的高碘酸希夫反应"。③ 偏亚硫酸钠溶液（洗涤液），配制见"显示多糖的高碘酸希夫反应"。

制片程序：① 组织经卡诺固定液固定 4～8h，固定时间不宜太长，太长会水解 DNA，减弱染色强度。② 切片脱蜡并逐步过渡到蒸馏水。③ 在冷 1mol/L HCl 中 1～2min。④ 60℃热 1mol/L HCl 处理 15min。⑤ 用冷 1mol/L HCl 略洗。⑥ 蒸馏水漂洗。⑦ 希夫试剂反应 1～2h（暗处）。⑧ 用偏亚硫酸钠溶液洗 3 次，每次 3～5min。⑨ 流水冲洗 15～30min。⑩ 蒸馏水漂洗。⑪ 各级乙醇脱水，每级 10～15min。到 95% 乙醇溶液时，可用含 0.1% 亮绿（或固绿）的 95% 乙醇溶液复染 15～60s。⑫ 二甲苯透明，树胶封片。

第四节　植物绘图方法

植物形态解剖学的学习和研究工作中，经常需要以绘图形式将显微镜下所观察的内容记录下来。绘图要求具有严密的科学性，能够真实、准确地反映观察和研究材料的主要结构特征。成功的显微结构图不仅可以代替烦琐的文字描述，而且比较直观、易懂，这是文字叙述所不能达到的。因此，显微结构图的绘制在植物解剖学的学习和研究中被广泛应用。

怎样才能将显微镜下的结构图描绘清晰而且真实，并具有科学性？关键是要养成耐心细致、严肃认真、勤于思考的科学态度，同时，还应做到以下几点。

（1）实验前认真学习理论知识，搞清实验课要观察内容的各部分结构。

（2）绘图时要用绘图专用的硬铅笔，笔尖要削得尖而适当，以保证图面清晰。如果要将多幅图绘在一张纸上，绘图前应合理布局，力求页面整齐。在每个图所布局的范围内，图应画在稍偏左侧的位置，图中各部分结构的图注应放在右侧。

（3）科学性与准确性：选取正常、健康、有代表性的材料进行细致观察，并用科学术语正确描述观察到的内容。

（4）点、线要清晰流畅：线条要一笔画出，粗细均匀，光滑清晰，接头处无分叉和重线条痕迹，切忌重复描绘。植物图一般用圆点衬阴，表示明暗和颜色的深浅，产生立体感。点要圆而整齐，大小均匀，根据需要灵活掌握疏密变化，不能用涂抹阴影的方法代替圆点。

（5）比例要正确：按植物各器官、组织及细胞等各部分结构原有比例绘制。

（6）突出主要特征：重点描绘主要形态特征，其他部分可仅绘出轮廓，以表示其完整性。

（7）准确标注：用水平直线在图右侧引出标注，所有引线右边末端在同一垂直线上，标注内容多时可用折线，必须整齐一致，切忌用弧线、箭头线、交叉线等做标注。图及图注一律用铅笔。实验题目写在绘图报告纸的上方，图题写在图的正下方。

（8）正确的绘图步骤：①构图。根据内容要求设计好绘图的整体布局，避免因画面设计不合理造成排列混乱与失衡，影响绘图质量。②先绘草图再绘成图。先用尖的铅笔轻轻勾画出图形轮廓草图，勾画时，注意对照观察所画轮廓大小与实物是否相符，再用铅笔按顺手的方向描出与物体相吻合的线条。线条要均匀，最好一次成图，不绘重线，以免模糊。③概绘全图，细绘局部。绘植物宏观解剖图时，先绘全图，后绘部分的解剖图。边解剖观察边绘图，严格按一定次序进行解剖和绘图。

第二章
植物形态解剖实验

实验一 显微镜的使用和植物细胞基本结构

一、目的和要求

1. 掌握显微镜的正确使用方法。
2. 掌握植物细胞的基本结构。
3. 掌握临时玻片制片的制作方法。

二、实验用品

1. 植物材料：洋葱（*Allium cepa*），菠菜（*Spinacia oleracea*），红色番茄（*Lycopersicon esculentum*，俗称西红柿）、红辣椒（*Capsicum annuum*）果实，紫鸭跖草（*Commelina purpurea*），阳芋（*Solanum tuberosum*，俗称土豆）块茎，落花生（*Arachis hypogaea*，俗称花生）种子，洋葱鳞叶表皮制片，柿（*Diospyros kaki*）胚乳细胞制片，小麦（*Triticum aestirum*）果实纵切制片，蓖麻（*Ricinus communis*）种子纵切制片。

2. 器具：显微镜、擦镜纸、载玻片、盖玻片、解剖针、解剖刀、镊子、刀片、吸水纸。

3. 试剂：碘-碘化钾染液，苏丹Ⅲ染液。

三、实验内容和方法

（一）显微镜的正确使用方法

（1）学生按编号把自己的显微镜取出，放在实验桌上，在教师指导下熟悉显微镜各部分构造及用途，然后进行操作练习。先用低倍物镜观察，注意视野中能容纳多少个表皮细胞以及细胞的大小，再转换高倍物镜观察，注意此时的视野亮度与低倍物镜有无区别？看到的细胞数目与大小有何变化？思考通过哪几方面的调节操作可使高倍物镜视野达到要求的亮度。

（2）取洋葱鳞叶表皮制片进行观察练习：按照从低倍物镜到高倍物镜的使用步骤和方法进行操作练习。注意要使观察到的物像向前移动时，玻片标本应向哪个方向移动？欲使观察到的物像向左移动时，玻片标本应向哪个方向移动？调节目镜间距使两眼视野重合，训练用两只眼睛观看视野。

（二）植物细胞的基本结构

制作洋葱鳞叶外表皮细胞临时装片，在显微镜下观察植物细胞基本结构。临时装片制作过程如下。

（1）取一片干净的载玻片，用滴管在其中央滴一滴蒸馏水。

（2）取洋葱，剥下一片新鲜的肉质鳞叶，用刀片在其外表面划一个边长为5mm 的正方形，用镊子从一个角隅处挑起外表皮，然后用镊子夹住挑起的外表皮迅速撕下正方形块内的表皮，尽快将其置于载玻片上的水滴中，如果发生卷曲，用解剖针将材料展平。

（3）盖上盖玻片，用吸水纸将盖玻片周围多余水分吸去。注意盖盖玻片时，应该用镊子夹住盖玻片一侧，使盖玻片另一侧边缘与水滴边缘相接触，然后慢慢放下，直到放平为止，这样可使盖玻片下的空气逐渐被水挤出，以免产生气泡，影响观察。

（4）将制好的装片放在显微镜载物台上，先用低倍物镜观察，在低倍物镜下洋葱表皮细胞呈网状结构，细胞排列紧密，没有胞间隙，细胞均为长方形或扁砖状，所有细胞都具有相似的形态。移动装片，选择几个较清楚的细胞置于视野中央，换用高倍物镜，仔细观察一个典型植物细胞的基本结构，识别下列各部分（图 2-1）。

细胞壁：植物细胞特有，它是具有一定硬度和弹性的固体结构，比较透明，观察时只能看到细胞侧壁。通过调节细调焦螺旋和虹彩光圈，能够发现两个相邻细胞的细胞壁为三层，即两侧为相邻两个细胞的细胞壁，中间是粘连两个细胞的胞间层，也称中胶层或中层。

细胞质：细胞核外围的原生质，它紧贴在细胞壁以内，为无色透明的胶状物，被中央大液泡挤成一薄层，仅细胞两端较明显。

细胞核：扁圆形小球体，沉没在细胞质中，由更为浓稠的原生质组成。成熟细胞中，由于中央大液泡的形成，细

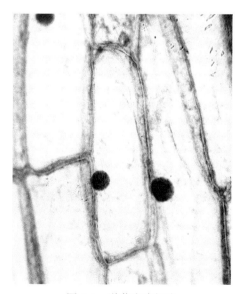

图 2-1　洋葱表皮细胞

胞核位于细胞边缘，紧贴细胞壁。在细胞核中还可见到一个或两个发亮的小颗粒，即核仁。

液泡：植物细胞特征之一。成熟的植物表皮细胞中，可见到一个或几个大液泡位于细胞中央，里面充满细胞液，它是溶解着许多物质的水溶液，占细胞整个体积的90％。

观察了活的洋葱鳞叶外表皮细胞之后，取下装片用碘-碘化钾染液进行染色，使细胞核、液泡和细胞质更为清楚。染色方法是：在盖玻片一侧滴加一滴碘液，在另一侧用吸水纸吸去盖玻片下的水分，将染液引入其中，使材料着色。也可先把盖玻片取下，用吸水纸吸去材料周围的水分，然后滴加一滴碘液，几分钟后，加盖玻片观察，此时，细胞质呈浅黄色，细胞核呈较深的黄色。

（三）初生纹孔场及胞间连丝

1. 初生纹孔场

制作红辣椒果实表皮细胞临时制片，在显微镜下观察细胞壁上的初生纹孔场（图2-2）。

操作步骤如下：取红辣椒果实的一块果皮，将表皮向下放在载玻片上，用镊子夹住材料，以解剖刀刮去果肉，刮至无色或半透明的浅橙色，此时仅留下表皮。将其制成临时装片，在细胞壁上可观察到一些较薄的部位，多呈念珠状，即为初生纹孔场。

2. 胞间连丝

取柿胚乳细胞永久制片进行观察，柿胚乳细胞壁较厚，在细胞壁上可见到横贯细胞壁的细丝，即胞间连丝（图2-3）。

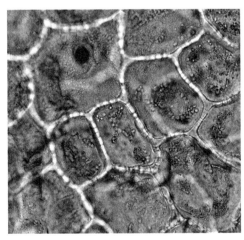
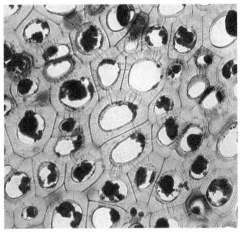

图2-2　红辣椒果皮细胞　　　　　　　图2-3　柿胚乳细胞

（四）质体

质体是植物细胞特有的一种细胞器。根据所含色素有无和种类不同，质体可分为叶绿体、有色体和白色体三类。

1. 叶绿体

叶绿体是以含叶绿素为主的绿色质体，能进行光合作用，主要存在于植物体的绿色部分，尤其在叶片中。取菠菜叶片，用镊子撕去下表皮，用刀片刮取少量叶肉细胞，涂在载玻片上，制成临时装片，在显微镜下可见到细胞里充满了椭圆形绿色颗粒——叶绿体（图 2-4）。观察时注意叶绿体的形态和分布。叶绿体浸没在细胞质中，紧贴细胞壁之内，有时以其宽面正对我们，即紧贴细胞上壁或下壁之内；有时紧贴细胞侧壁，使我们看到叶绿体的窄面。

2. 有色体

有色体是含有大量类胡萝卜素（包括叶黄素和胡萝卜素）的质体，常存在于成熟果肉细胞或黄红色花瓣以及胡萝卜根中。取红色番茄果肉制成临时装片，置显微镜下观察，可见其细胞内有许多形状不规则的红色小颗粒，即有色体（图 2-5）。

3. 白色体

白色体是不含色素的一类质体，一般无色，多存在于植物幼嫩组织中或不见光部分，有些植物的叶表皮细胞中亦有。由于其个体微小，须用高倍物镜，缩小光圈，增大反差，使视野变暗后才能顺利观察。撕取紫鸭跖草叶下表皮细胞，制成临时装片观察，可见到圆球形透明颗粒状白色体，多位于细胞核周围（图 2-6）。

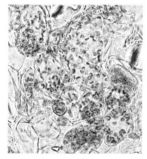 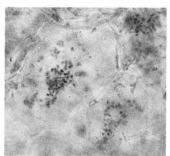 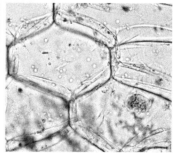

图 2-4 菠菜叶肉细胞　　图 2-5 红色番茄果肉细胞　　图 2-6 紫鸭跖草叶表皮细胞

（五）后含物

后含物是植物细胞原生质体代谢过程中的产物，包括贮藏的营养物质、代谢废物和次生代谢物质。贮藏的营养物质以淀粉、脂类、蛋白质为主。

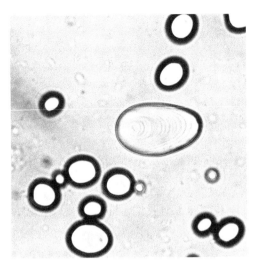

图 2-7　土豆块茎淀粉粒

1. 淀粉粒

淀粉是植物细胞中最常见的后含物，主要以淀粉粒形式贮藏。取土豆块茎，刮去外皮，用解剖刀在去皮的块茎上来回摩擦几次，将解剖刀上的乳白汁液在载玻片上的水滴中蘸一下，然后将其制成临时装片，可观察到许多大小不等的颗粒，即淀粉粒。选择颗粒不稠密而且互不重叠处，用高倍物镜观察。由于淀粉粒未经染色，需要调节光圈大小和细调焦螺旋才能观察清楚。可以看出椭圆形淀粉粒上有明暗交替的同心圆轮纹围绕着一个核心（脐点）呈偏心排列。视野中的淀粉粒大部分是具有一个脐点的单粒（图 2-7），还有少量有两个或两个以上脐点的复粒和半复粒。半复粒中央部分每个脐点有各自轮纹，外围有共同的同心圆；复粒脐点只有自己的轮纹而没有共同的同心圆。观察后，可从盖玻片一侧滴加少量碘-碘化钾染液，从另一侧吸水，使碘-碘化钾染液逐渐进入盖玻片下，由于淀粉遇碘显蓝色，因此，淀粉粒被染成蓝色或紫色。

2. 糊粉粒

糊粉粒是植物细胞中贮藏蛋白质的主要形式，常以无定形或结晶状态（称为拟晶体）存在于细胞中。取小麦果实纵切片，在胚乳最外部找到糊粉层，糊粉层细胞近于方形，排列较整齐，细胞中有许多染色或无色的小圆形颗粒，即糊粉粒（图 2-8）。除无定形或结晶状态的糊粉粒，还有一类是大型的复合糊粉粒，取蓖麻种子纵切片，可观察到蓖麻胚乳细胞中椭圆形的大型复合糊粉粒。换高倍物镜观察一个糊粉粒结构：外为蛋白质膜，内包 1 至几个多边形拟晶体和一个球晶体（无机磷酸化合物与钙、镁结合的盐类）（图 2-9）。

3. 油滴

植物细胞贮存的脂肪，常以油滴形式存在。取一粒花生种子，剥去红色种皮，用刀片切取极薄的切片，放在载玻片上，滴加苏丹Ⅲ染液染色 15min 以上，制成临时装片，放显微镜下观察，可见花生子叶细胞内有被染成橙红色的圆球形油滴（图 2-10）。

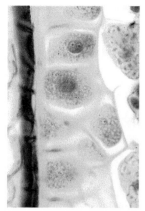 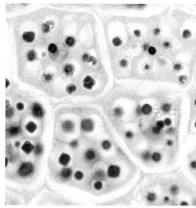 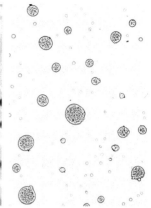

图 2-8　小麦果实糊粉层　　图 2-9　蓖麻种子胚乳细胞　　图 2-10　花生种子油滴

四、课堂作业

按植物绘图要求绘出相邻几个洋葱鳞叶表皮细胞的显微结构图，并注明各部分结构名称。

五、思考题

1. 利用光学显微镜进行观察时，高倍物镜使用应注意的事项有哪些？
2. 根据观察，你认为在光学显微镜下能观察到植物细胞的哪些结构？
3. 洋葱表皮细胞是否有细胞核？你制作的装片中是否每个细胞都有细胞核？细胞核的位置是否相同？为什么？如何解释这些现象？

实验二　植物组织

一、目的和要求

1. 了解各类组织在植物体内的分布。
2. 掌握各类组织的细胞基本形态结构特点和功能。

二、实验用品

1. 植物材料：洋葱根尖纵切制片，玉蜀黍（*Zea mays*，俗称玉米）茎节间基部纵切制片，陆地棉（*Gossypium hirsutum*，俗称棉花）老茎横切制片，甘薯（*Dioscorea esculenta*）块根横切制片，南瓜（*Cucurbita moschata*）茎横切制片和纵切制片，稻（*Oryza sativa*，俗称水稻）老根横切制片，蚕豆（*Vicia faba*）叶表皮制片，蚕豆幼根横切制片，玉米茎纵切制片，石细胞制片，旱芹（*Apium graveolens*，俗称芹菜），雪梨（*Pyrus nivalis*），柑橘（*Citrus reticulata*），小麦叶，蚕豆叶，菠菜叶。

2. 器具：显微镜、擦镜纸、载玻片、盖玻片、解剖针、镊子、刀片、吸水纸。

3. 试剂：1% 番红染液。

三、实验内容和方法

（一）分生组织

1. 顶端分生组织

顶端分生组织主要分布在根尖和茎尖。根尖分生组织是植物根初生结构的起源，它的分裂活动导致根的伸长生长。

取洋葱根尖纵切片（图 2-11）置显微镜低倍物镜下观察，可见根尖先端有一个由许多排列疏松的组织组成的帽状结构，叫根冠。根冠内侧，是细胞体积最小、染色最深、圆锥形的生长锥，即根尖分生组织。根尖分生组织分为两部分：最前端是一小群最小、最幼嫩的细胞，没有任何分化，有着强烈持久的分裂能力，称为原分生组织；后一部分细胞有初步分化，称为初生分生组织，最外一层细胞为原表皮，中央染色较深的柱状部分是原形成层，在其与原表皮之间的区域为基本分生组织。换高倍物镜观察上述分生组织各部分细胞的结构特点。

（1）原分生组织：细胞排列整齐而紧密，为等径多面体，无胞间隙，细胞质丰富，细胞壁薄，有些细胞正处于有丝分裂中。

（2）原表皮：靠近根的最外层，细胞很扁，呈砖形，多进行垂周分裂，以增加原表皮层的面积。

（3）基本分生组织：细胞为多面体形，从纵切面看常呈长方形，细胞壁薄，液泡开始增大，细胞能进行各个方向分裂，以增加基本分生组织的体积。

（4）原形成层：细胞质较浓，染色最深，细胞多进行纵向分裂，呈细长棱柱状。

2. 居间分生组织

居间分生组织是由初生分生组织保留下来的不分化、未成熟、仍然保持细胞

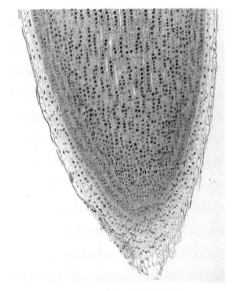

图 2-11　洋葱根尖纵切图

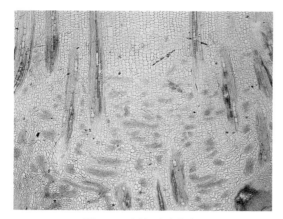

图 2-12　居间分生组织

分裂能力的分生组织。但其只能保持一定时间的分生能力，以后所有细胞都完全转变为成熟组织。一般成团分布在成熟组织之间。

取玉米茎节间基部的纵切片，置显微镜下观察，在节间基部可见一些体积较小、成团分布、排列紧密、具有分生能力的细胞群，有些正处在分裂当中，这就是居间分生组织（图 2-12）。

3. 侧生分生组织

侧生分生组织包括维管形成层和木栓形成层，一般呈环鞘状分布于植物体周围，其分裂活动的结果使植物根、茎增粗，形成根和茎的次生结构。

取棉花老茎横切片（图 2-13）置低倍物镜下观察，可见排列成环状或管状的维管束。分布于维管束内侧，染成红色的为木质部，而维管束外侧，染成浅蓝色的为韧皮部。换高倍物镜观察，木质部与韧皮部之间，有几层染色较浅的扁平细胞，排列整齐，细胞壁很薄，这数层细胞称为形成层带（区），其中有一层是形成层，即维管形成层。

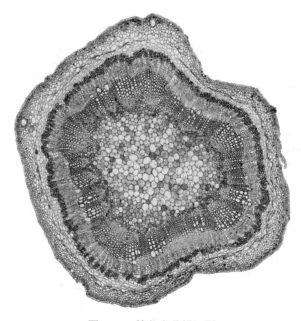

图 2-13　棉花老茎横切图

（二）保护组织

1. 双子叶植物叶的表皮

撕取蚕豆叶下表皮一小片，制成临时装片（图 2-14），在显微镜下观察，可看到下表皮中主要有两种细胞：表皮细胞形态不规则，嵌合排列，没有胞间隙，有明显细胞核和体积较大的液泡，一般不含叶绿体；表皮细胞之间还有成对分布的肾形保卫细胞，两个保卫细胞之间的小孔叫气孔。保卫细胞有细胞核，含有叶绿体，细胞壁不均匀加厚，靠近表皮细胞一侧细胞壁较薄，而靠近气孔一侧细胞壁较厚。气孔是叶片内部和外界环境进行气体交换和水分蒸腾的孔道。气孔两侧的保卫细胞具有控制和调节气孔启闭的作用。保卫细胞和气孔合称气孔器。

2. 禾本科植物叶表皮

撕取小麦叶下表皮一小块。如果不好撕取，可用刮片方法，即取小麦叶一小段，上表皮朝上，用刀片将上表皮和叶肉等其他组织一起刮掉，仅剩一层透明的、薄膜状的下表皮，用刀片切取 $3mm^2$ 大的一小块，制成临时装片。放显微镜下观察（图 2-15），可见其表皮细胞形状和排列方式与双子叶植物明显不同，表皮细胞主要由许多长形细胞（长细胞）纵向排列而成，长细胞之间有成对的硅质细胞和栓质细胞（短细胞），细胞排列紧密，无胞间隙，不含叶绿体。在长细胞列中分布有气孔器，形成气孔列。每个气孔器包含 4 个细胞：两个哑铃形保卫细胞，两端壁薄，膨大成球形，含有叶绿体，它的胀缩变化直接影响气孔的启闭，中部狭窄，壁增厚；在两个保卫细胞外侧是两个菱形的副卫细胞，细胞核明显，无叶绿体。

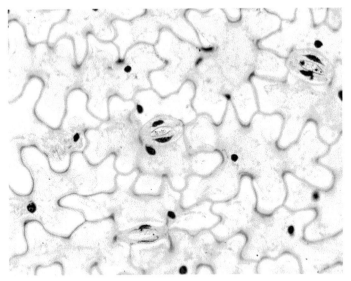 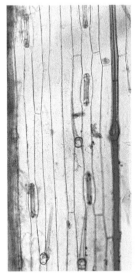

图 2-14　蚕豆叶表皮细胞　　　　　　　图 2-15　小麦叶表皮细胞

（三）基本组织

基本组织在植物体内所占比例最大，分布最广泛，根、茎、叶、花、果实中均有这种组织，担负吸收、同化、贮藏、通气、传递等功能。基本组织细胞一般都有薄的初生壁，通常染成浅蓝色或浅绿色。

1. 吸收组织

吸收组织具有从外界吸收水分和营养物质的功能。取蚕豆幼根横切片观察，可见表皮细胞外壁向外突起形成根毛，根毛的细胞壁薄，细胞核常位于根毛先端，这些根毛即吸收组织。

2. 同化组织

同化组织的主要特点是含有叶绿体，能进行光合作用，制造有机物，一般分布在植物体的绿色部分，叶片中分布最多，位于上下表皮之间，有许多含叶绿体的细胞，即同化组织。撕取菠菜叶片下表皮，用粘有部分绿色细胞的下表皮制作临时制片，可见细胞内含有许多绿色颗粒，即叶绿体。

3. 贮藏组织

贮藏组织主要分布在植物的种子、果实、根和茎的某些组织中。取甘薯块根横切片，置显微镜下观察，可见其细胞大而壁薄，排列疏松、胞间隙明显，细胞内有许多颗粒状物（淀粉粒），即贮藏组织。

4. 通气组织

通气组织一般存在于水生和湿生植物中，胞间隙特别发达，有的甚至发展为气腔和气道相互沟通。观察水稻老根横切片，可见水稻老根皮层中有许多大型胞间隙，可以贮存和流通气体，这些细胞及气腔即通气组织。

（四）机械组织

机械组织是起支持作用的组织，共同特点是细胞壁都有不同程度加厚。按照加厚方式和部位不同，机械组织分为厚角组织和厚壁组织。

1. 厚角组织

厚角组织一般是初生壁不均匀加厚，常成片存在，或连接成圆筒状，分布在幼茎和叶柄棱角处表皮内侧。细胞中有细胞核和叶绿体，为活细胞，常在细胞角隅处有纤维素加厚，壁硬度不强，没有木质化，具有弹性。

取新鲜芹菜叶柄，作徒手横切片，用 1% 番红染液染色制成临时装片，在显微镜下观察叶柄棱角处，表皮有一团厚角组织，细胞壁都在角隅处加厚，可被番红染液染成亮红色（图 2-16）。

2. 厚壁组织

厚壁组织一般是次生壁全面木质化加厚，成熟细胞内没有细胞质，为死细胞。厚壁组织包括纤维和石细胞两种：纤维是两端尖锐，呈梭状的长细胞；石细胞多为等径或稍稍伸长的细胞，有的为不规则形。

取雪梨果肉一小块，挑取其中一小粒沙粒状组织，置于载玻片上，用镊子将其压碎充分散开，用 1% 番红染液染色 15min 后，用盖玻片封片观察，可见大型的薄壁细胞中包围着一种暗红色的石细胞群（图2-17）。这类细胞形状不规则，近于等径，其次生壁增厚且高度木质化。由于次生壁极厚，细胞腔小，次生壁上可见很多同心增厚的层次，以及放射状的纹孔道，其中有些纹孔道具有分枝，故称分枝纹孔。

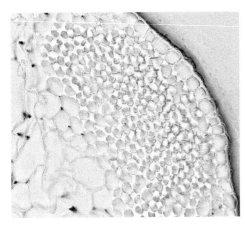
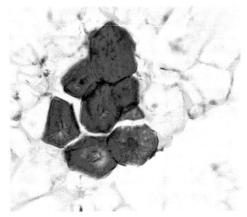

图 2-16　芹菜叶柄横切面图　　　　　图 2-17　梨果肉石细胞

（五）输导组织

输导组织是植物体内运输水分和各种营养物质的组织，这些组织的细胞通常集在一起与其他组织共同组成维管束。输导组织细胞常呈长管形，细胞间相互联系，在整个植物体各器官内形成一连续系统。

1. 导管和木质部

木质部是输导水分和矿质营养的组织，导管位于木质部中。先观察南瓜茎横切片，在表皮和髓腔之间大约有10个椭圆形维管束，5个较大，5个较小，排成两环。找一个较大的维管束，在维管束中可见几个较大的圆孔，其周围被染成红色，这是大导管，还有一些较小的导管靠近茎向心部分。导管周围是许多染成浅蓝色的木薄壁细胞以及红色的木纤维，三者构成木质部。再取南瓜茎纵切片或玉米茎纵切片，置低倍物镜下选择切片上被染成红色、具有花纹、呈圆柱形的中空管状细胞，它们是各种类型的导管，每个导管分子（相当于一个细胞）的顶端横壁溶解并形成穿孔，具有穿孔的端壁称为穿孔板，穿孔相互连接，上下贯通。这一连串相连接成管的细胞总称导管，每个导管细胞称为一个导管分子。口径较大的导管分布在离心部分，通常是孔纹导管、梯纹导管和网纹导管（图2-18、图2-19），而向心部分的一般是环纹导管和螺纹导管，口径较小。

2. 筛管、伴胞和韧皮部

先观察南瓜茎横切片，它的维管束属于双韧维管束。在染成红色的木质部内外两侧都有韧皮部，外侧的为外韧皮部，体积较大，内韧皮部体积较小。在外韧皮部找到筛管和伴胞，筛管为多边形薄壁细胞，被染成绿色，口径较大。在它旁边贴生着一个小型伴胞（切面为四边形或三角形），细胞质浓厚，具有细胞核，着色较深。有些筛管正好切在筛板处，可见染色较深、成网状的筛板及其上的许多细小筛孔（图 2-20）。这时换高倍物镜，进一步观察筛板及筛孔的特殊结构。再取南瓜茎

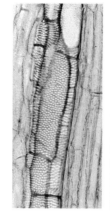 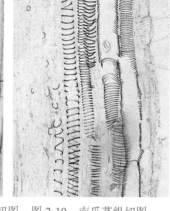

图 2-18　玉米茎纵切图　　图 2-19　南瓜茎纵切图
示网纹导管　　　　　　示螺纹导管、环纹导管

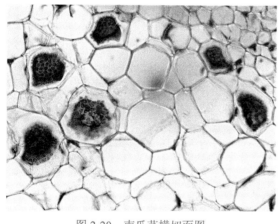

图 2-20　南瓜茎横切面图

纵切片观察，置低倍物镜下找到韧皮部的位置，寻找长管状细胞连接而成的筛管，每节是一个筛管分子，相当于一个细胞。两细胞连接端部稍有膨大并染色较深，在筛管旁可见紧贴着筛管、与筛管节长短相似、染色较深的细长形细胞，即伴胞，其细胞质浓，具有细胞核。

（六）分泌组织

内分泌结构：取新鲜柑橘果皮，用刀片将柑橘果皮切成薄片，制成临时装片，置于显微镜下观察，可见果皮中有许多囊状分泌腔，为溶生型分泌腔。

四、课堂作业

1. 绘在南瓜茎纵切片中观察到的不同类型导管细胞图，并注明导管类型。
2. 绘小麦叶数个表皮细胞及气孔器，并注明各部分名称。

五、思考题

1. 分生组织分为哪几种？简述它们之间的关系。
2. 基本组织有哪些？主要特征是什么？在植物体中是如何分布的？
3. 基本组织和分生组织均无次生壁，制成装片染色后多为浅绿色或浅蓝色，

如何区分它们？

    4.厚角组织和厚壁组织有何区别？

    5.在南瓜茎横切面上，如何区分木质部和韧皮部？

实验三　种子的形态结构和幼苗类型

一、目的和要求

1.通过各种类型种子的解剖观察，熟悉种子的基本形态和结构。

2.了解种子的萌发过程及幼苗类型。

二、实验用品

    1.植物材料：白芸豆（*Phaseolus vulgaris*）、花生、蓖麻（*Ricinus communis*）的浸泡种子，小麦（*Triticum aestivum*）和玉米的浸泡籽粒，豌豆（*Pisum sativum*）和大豆（*Glycine max*）种子；蓖麻种子纵切制片，小麦、玉米胚纵切制片。

    2.器具：显微镜、放大镜、双面刀片、镊子、解剖针等。

三、实验内容和方法

（一）种子的形态和结构

1. 双子叶植物有胚乳种子的形态和结构

取浸泡好的蓖麻种子（图 2-21），先观察其形态，最外面一层是光滑、坚硬且有花纹的种皮，种子一端有一海绵状突起叫种阜，种孔被种阜遮盖，种脐不明显，种子压扁一侧有一长条状的棱脊叫种脊。剥去种皮可见一层白色膜质物是外胚乳，在外胚乳之内为胚乳部分。用刀片将胚乳沿狭窄面纵切为两半，可以看到紧贴胚乳内方有两个薄片，即两片子叶。子叶具有明显脉纹。两片子叶近种阜端有一圆锥状突起，即胚根。胚根后端夹在两子叶间的一个小突起为胚芽，连接胚芽与胚根的部分为胚轴。

图 2-21　蓖麻种子

左.种子外观；右.去种皮种子纵切图

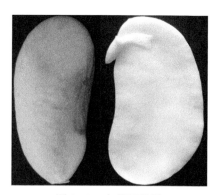

图 2-22　白芸豆种子
左．种子外观；右．胚纵剖图

2. 双子叶植物无胚乳种子的形态和结构

1）白芸豆种子的形态和结构　　白芸豆种子（图 2-22）外形呈肾形，种皮革质。在种子稍凹一侧具一长圆形斑痕叫种脐，是种子成熟时从果皮脱离后留下的痕迹。在种脐一端有一个小孔叫种孔，是珠孔的遗迹。种子萌发时，胚根多从此孔伸出。用手挤压种子两侧，可见有水泡自种孔溢出。思考：种脊应该在什么位置？剥去种皮，可见两片肥厚的子叶（豆瓣）。掰开两片子叶，可见两片子叶着生在胚轴上。胚轴上端为胚芽，有两片比较清晰的幼叶。如果用解剖针挑开幼叶，用放大镜观察，可见胚芽生长点和突起的叶原基。胚轴下方为胚根。

2）花生种子的形态和结构　　观察花生种子（图 2-23）外形，可见种皮呈红色或红紫色，在种子尖端部分有一微小白色细痕就是种脐，种孔不明显。剥去种皮，可见两片肥厚子叶，乳白色而有光泽。胚轴短粗，子叶着生于两侧，胚轴下端为胚根，上方为胚芽，胚芽夹在两片子叶之间。

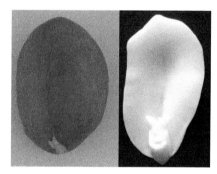

图 2-23　花生种子
左．种子外观；右．胚纵剖图

3. 单子叶植物有胚乳种子的形态和结构

1）小麦籽粒的形态和结构　　小麦籽粒较小，呈椭圆形。籽粒一侧有一条纵沟叫腹沟，籽粒一端有毛，称果毛，另一端有一个很小的近圆形突起便是胚。用低倍物镜观察小麦籽粒纵切片（图 2-24），可以看到果皮和种皮紧密合生，种皮以内大部分是胚乳。靠近种皮有一到几层排列较整齐的、近等径形细胞，即糊粉层。糊粉层以内的胚乳细胞排列较疏松，内含大量淀粉。胚位于籽粒纵切面一端的侧方，由胚芽、胚芽鞘、盾片、胚轴、胚根和胚根鞘组成。盾片与胚乳交界处有一层排列整齐的细胞称为上皮细胞。小麦胚轴在与盾片相对一侧有一小突起，即外胚叶。

2）玉米籽粒的形态和结构　　玉米籽粒外形为圆形或马齿形，在顶端可见花柱的遗迹，下端有果柄，去掉果柄可见果皮上有块黑色组织，即种脐。种子一侧靠近下方是胚。用刀片从籽粒宽面中间切开，在切面上可清楚看到包在外围的果皮和种皮以及占据籽粒大部分体积的胚乳。用放大镜观察胚，可看到胚芽、胚芽鞘、胚轴、胚根、胚根鞘和盾片。用低倍物镜观察玉米籽粒纵切片（图 2-25），可以看到与小麦籽粒相似的结构：果皮和种皮、糊粉层、胚乳、上皮细胞和胚。胚由胚芽、胚芽鞘、盾片、胚轴、胚根和胚根鞘组成。玉米胚与小麦胚不同之处是：玉米胚无外胚叶。

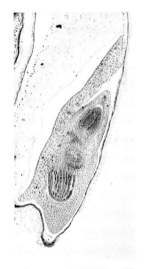 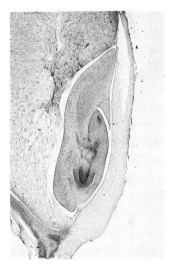

图 2-24　小麦胚纵切图　　　图 2-25　玉米胚纵切图

（二）种子的萌发和幼苗的类型

1．种子萌发过程

观察豌豆、大豆种子萌发过程，可以看到种子先吸水膨胀，胚根突破种皮，继而胚芽因胚轴生长而外伸，直到长出具有幼根、幼茎和幼叶的幼苗（这项实验要求学生在实验课外完成，教师将种子和培养皿等用具以组为单位发给学生，让学生亲自做，天天观察，直到长成幼苗为止）。

2．幼苗的类型

常见幼苗类型有子叶出土幼苗和子叶留土幼苗。观察比较大豆、豌豆或小麦、玉米等植物幼苗，说明哪些是子叶出土幼苗，哪些是子叶留土幼苗。并仔细区分子叶、真叶以及上胚轴和下胚轴。

四、课堂作业

1.绘白芸豆或花生种子构造图，并注明各部分名称。

2.绘小麦或玉米胚的结构图，并注明各部分名称。

3.以白芸豆种子和玉米籽粒为例，比较双子叶植物种子和单子叶禾本科植物籽粒胚在构造上的异同点。

五、思考题

1. 子叶出土幼苗和子叶留土幼苗是怎样形成的？
2. 通过实验怎样理解胚是一个幼小的植物体？
3. 白芸豆、蓖麻、玉米等植物种子的子叶各有何主要功能？

实验四　根的形态结构及其发育

一、目的和要求

1. 了解根尖外部形态和各分区细胞结构特点。
2. 掌握单子叶、双子叶植物根的初生结构和双子叶植物根的次生结构。
3. 了解侧根发生的过程及规律。
4. 了解变态根的来源、结构和功能。

二、实验用品

1. 植物材料：洋葱根尖纵切制片，毛茛（*Ranunculus japonicus*）根横切制片，蚕豆幼根与老根横切制片，玉米根横切制片，吊兰（*Chlorophytum comosum*）根横切制片，蚕豆侧根发生制片，胡萝卜（*Daucus carota* var. *sativa*）肉质根横切制片，菟丝子（*Cuscuta chinensis*）寄生根纵切制片；玉米刚萌发的幼根，萝卜（*Raphanus sativus*），胡萝卜。

2. 器具：显微镜、放大镜、镊子、载玻片、盖玻片。

三、实验内容和方法

（一）根尖的外形和结构

1. 根尖的外形和分区

取玉米刚萌发、生长良好而直的幼根，截取端部 1cm，放在干净载玻片上，用肉眼或放大镜观察其外形和分区。幼根上有一区域密布白色绒毛，即根毛，这一部分即根毛区或称成熟区。根最先端略为透明的部分是根冠，呈帽状，罩在略带黄色的分生区外。位于根毛区和分生区之间的一小段是伸长区，洁白而光滑。

2. 根尖的内部构造

取洋葱根尖纵切片，在显微镜下观察，由根尖逐渐向上辨认以下各区，注意各区细胞的特点。

1）根冠　　位于根尖最前端，略呈三角形，由一群薄壁细胞组成，套在生长点之外，排列疏松，不规则。当外部有些细胞从根冠表面脱落时，根冠内部贴近生长点的一些细胞，是形小而质浓的分生组织，能为根冠不断补充新细胞。

2）分生区　　根冠之内，长 1～2mm，由排列紧密的小型多面体细胞组成。细胞壁薄、核大、质浓，属顶端分生组织，细胞分裂能力很强，在此区常可见到有丝分裂的分裂象。

3）伸长区　　位于分生区上方，由分生区细胞分裂而来，长 2～5mm。此区细胞一方面沿长轴方向迅速伸长，另一方面逐步分化成不同的组织，向成熟区过渡。一般细胞内均有明显的液泡，有的切片中能见到一种特别宽大的成串细胞，是正在分化的幼嫩导管细胞。

4）根毛区（成熟区）　　伸长区上方，细胞伸长已基本停止，并已分化成各种成熟组织，表面密生根毛。注意：根毛不是一个完整细胞，而是一种表皮细胞外壁的突起物，根毛含有细胞质和细胞核，壁很薄。此区是根的主要吸收部位。

由于上述各区是逐渐变化并不断向前推进的，因此各区之间没有明显的界限。

（二）根的初生结构

1. 双子叶植物根的初生结构

取毛茛根横切片，置显微镜下观察（图 2-26），可清楚看到根的初生结构，自外向内包括表皮、皮层和维管柱三大部分，注意各部分所占比例，然后换高倍物镜仔细观察各部分细胞特点。

1）表皮　　根最外层细胞，常染成绿色，由排列整齐而紧密的薄壁细胞组成，外壁一般较薄。表皮上有向外突出形成的根毛，但多数在制片过程中损坏成为根毛残体。

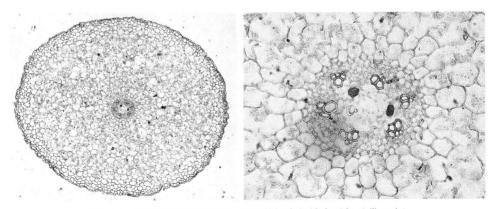

图 2-26　毛茛根横切图（左）和毛茛根中部放大示凯氏带（右）

2）皮层　　表皮以内为皮层，占幼根横切面的大部分，由多层薄壁细胞组成。皮层由外向内可分为外皮层（1～2层细胞）、皮层薄壁细胞（多层细胞）和内皮层（1层细胞）三部分，由基本组织构成，具有较大的胞间隙，均被染成绿色。表皮之下，皮层最外1～2层细胞，形状较小，排列紧密，为外皮层，当根毛枯死后，其细胞壁常栓质化，起暂时的保护作用。皮层最内一层为内皮层，细胞排列整齐，其径向壁和上、下横壁常局部增厚并栓质化，连成环带状，叫凯氏带，但在横切面上仅见其径向壁上有很小的增厚部分——凯氏点，被染成红色。这种结构对水分和物质的吸收起选择作用。

3）维管柱（中柱）　　内皮层以内就是维管柱，一般细胞较小而密集，由中柱鞘、初生木质部、初生韧皮部和薄壁细胞构成。

（1）中柱鞘：紧贴内皮层，是维管柱的最外层，由1～2层细胞组成，细胞小，排列紧密。

（2）初生木质部：在中柱鞘以内呈放射状排列，主要由导管组成，在切片上常被染成红色。蚕豆的初生木质部为4或5束，棉花的初生木质部为4束，它们的初生木质部中靠近中柱鞘的导管最先发育，口径小，着色较深，是一些螺纹和环纹加厚的导管，为原生木质部；靠近中央位置的导管，发育较迟，口径大，着色淡，甚至不显红色，是一些梯纹、网纹或孔纹导管，称为后生木质部，两者无明显界限，合称为初生木质部。这种导管发育顺序的先后，说明根的初生木质部是外始式的，这是根初生结构的特征之一。

（3）初生韧皮部：位于初生木质部两个辐射角之间，被染成绿色的部分，与初生木质部相间排列，束的数目与木质部束数相同，由筛管、伴胞等构成，是输送同化产物的组织。细胞较小，壁较薄，多角形，但根的初生韧皮部中筛管与伴胞不易区分。在蚕豆初生韧皮部外方还可见到成堆的厚壁细胞，这是韧皮纤维。

（4）薄壁细胞：初生木质部与初生韧皮部之间，为未分化的薄壁细胞，在根进行次生生长前，它将分化成维管形成层的一部分。另外，在蚕豆根中央为薄壁细胞组成的髓部，但是大多数双子叶植物根中是没有髓部的。

2. 单子叶植物根的初生结构

单子叶植物根一般没有形成层的产生，因此，根的生长基本上停留在初生生长阶段，不再增粗，所以仅有初生结构。

取玉米根横切片（图2-27）或吊兰根横切片（图2-28），先在低倍物镜下区分出表皮、皮层和维管柱三大部分，再换高倍物镜由外向内逐层仔细观察。

1）表皮　　位于根的最外层，由排列整齐的薄壁细胞构成，常见有突起的根毛。

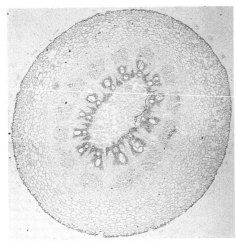
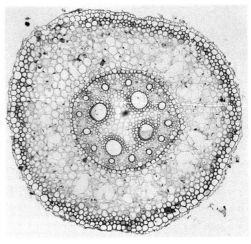

图 2-27　玉米根横切图　　　　　　　图 2-28　吊兰根横切图

2）**皮层**　　主要由薄壁细胞组成。靠近表皮的 1～2 层细胞较小，排列紧密，为外皮层，在较老材料中，可看到外皮层细胞的细胞壁木质化与栓质化，以后可代替表皮起保护作用，常被染成红色。其内皮层细胞多为五面增厚，栓质化，仅外切向壁是薄的，在横切面上呈马蹄形，但有个别正对原生木质部处的内皮层细胞不加厚，仍保留薄壁状态，称为通道细胞，这是内外物质传递的通道。

3）**维管柱（中柱）**　　维管柱最外层为中柱鞘，由一层薄壁细胞组成，在较老的根内中柱鞘细胞可以木质化增厚。

初生木质部可多至 10 束以上。紧接通道细胞内方的原生木质部仅有 1～2 个小型导管，后生木质部多为一个大型导管。初生木质部与初生韧皮部相间排列，由数个小型筛管、伴胞组成，在切片中被染成绿色。初生木质部与初生韧皮部之间的薄壁细胞，以及髓部的薄壁细胞，在发育后期细胞壁增厚，形成厚壁组织。

（三）双子叶植物根的次生生长与次生结构

1. 维管形成层产生过程

取蚕豆老根横切片（示形成层），在显微镜下观察，找出维管柱部位的初生韧皮部与初生木质部之间的薄壁细胞，可见其中部分细胞已恢复分生能力，这是一部分形成层，称为束中形成层；另外在原生木质部顶端所对中柱鞘细胞的部分亦分裂出新细胞，这是另一部分形成层，称为束间形成层。二者逐渐再分裂，向两端延伸，连成弯曲的环形，开始时呈波浪形，随着形成层细胞进一步分裂，逐渐发育形成圆环形，即形成层。形成层产生初期，随着植物中柱类型的不同，形成层所形成环的形状亦不同。例如，三原型维管柱的根，其形成层环为三角形；四原型维管柱的根，其形成层环为十字形；多原型维管柱根的形成层为波浪形。

2. 木栓形成层产生过程

观察蚕豆老根横切片，在根的最外层是周皮，它由中柱鞘细胞演化形成的木栓形成层向内、向外分裂分别形成的栓内层和木栓层构成。木栓层细胞排列紧密，细胞壁木栓化，被染成红色，它是水、电、热的不良导体，可有效保护根不受外界侵害。木栓形成层是由中柱鞘细胞演化形成的分生组织。栓内层由薄壁组织构成。

3. 双子叶植物根的次生结构

取蚕豆老根横切片置显微镜下观察，先用低倍物镜观察，由外向内分别为周皮、次生韧皮部（包括韧皮射线）、形成层、次生木质部（包括木射线）、初生木质部（图2-29）。其中形成层已变成圆形，分别向内侧和外侧进行细胞分裂产生次生木质部和次生韧皮部。而中柱鞘细胞则分化形成木栓形成层，分别向内侧和外侧进行细胞分裂产生栓内层和木栓层，三者共同构成周皮。换高倍物镜仔细观察，可看到以下结构。

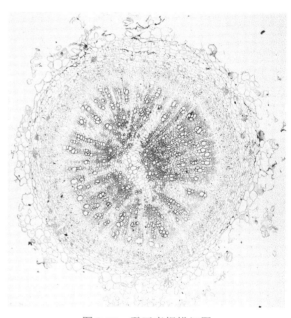

图 2-29 蚕豆老根横切图

1）周皮 位于蚕豆老根的最外部，由多层细胞构成。最外面几层细胞呈扁平状，被染成红色，这就是由死细胞所构成的木栓层。木栓层内方为一层活的、排列整齐的细胞，即木栓形成层。木栓形成层以内还有一到几层细胞，呈薄壁细胞性质，即栓内层。

2）韧皮部和韧皮射线 周皮内被染成绿色的部分为韧皮部，由筛管、伴胞、韧皮纤维、韧皮薄壁细胞构成。在韧皮部中还分布着由薄壁组织构成的呈漏斗状的结构，即韧皮射线，它是根内物质径向运输的通道。

3）维管形成层 由几层形状小、排列整齐、紧密的细胞构成。

4）次生木质部和木射线 位于形成层之内，由染成红色的、孔径较大的细胞及其他小细胞构成，口径较大者是导管，较小者是木纤维和木薄壁组织。次生木质部导管一般有 3 ～ 5 个细胞大小，很容易区分。导管之间还可见到一些切向排列的整齐薄壁细胞，由内向外呈射线状，这就是木射线。

5）初生木质部　　初生木质部呈放射状排列，同样被染成红色，初生木质部与次生木质部的不同在于初生木质部导管口径较小，另外，初生木质部中也没有木射线。

（四）侧根发生的部位

取蚕豆侧根发生制片置显微镜下观察，可见根中柱鞘局部分裂，向外隆起成圆锥状（即侧根生长锥），侧根生长锥细胞进一步分裂，生长锥伸长，依次突破内皮层、中皮层、外皮层、表皮，伸出根外（图 2-30）。

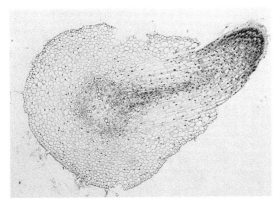

图 2-30　蚕豆侧根发生图

侧根发生常有一定的规律，如二原型根，侧根发生于初生木质部与初生韧皮部之间；三原型、四原型根，侧根正对着初生木质部发生；多原型根，侧根正对着初生韧皮部发生。注意：蚕豆是几原型？侧根发生于什么部位？

（五）变态根的观察

1.肉质直根

观察萝卜、胡萝卜的染色切块，可看到木质部被染成红色。萝卜主要食用部分被染成红色，染成红色的木质部外是呈绿色的韧皮部和周皮。胡萝卜黄色的芯被染成红色，黄色的芯就是它的木质部，外部呈红色的部位是韧皮部和周皮。观察胡萝卜肉质根横切片，可看到它的根木质部为二原型，占据根大比例的部分是它的韧皮部，次生韧皮部由发达的薄壁组织组成，贮藏大量营养物质和胡萝卜素，而次生木质部形成数量较少，由木薄壁组织组成，产生的导管较少（图 2-31）。

2.寄生根

取菟丝子寄生根纵切片（图 2-32）观察，注意寄生根与寄主之间的关系。

四、课堂作业

绘毛茛初生根横断面局部理论图，并注明各部分名称。

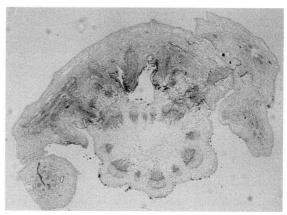

图 2-31　胡萝卜肉质根横切图　　　图 2-32　菟丝子寄生根纵切图

五、思考题

1. 植物根尖可分为哪几个区？各区细胞特点和功能是什么？

2. 比较单子叶、双子叶植物根初生结构的异同点。

3. 双子叶植物根形成层是怎样产生的？其功能是什么？多年生双子叶植物的根，从外到内包括哪些部分？

4. 简述植物侧根的发生规律。

5. 肥大直根和块根能迅速增粗的原因及特点是什么？

实验五　茎的形态结构及其发育

一、目的和要求

1. 了解茎的基本形态特征。

2. 了解植物茎尖的一般结构。

3. 掌握双子叶植物茎的初生结构和次生结构特点。

4. 了解单子叶植物和裸子植物茎的结构特点。

二、实验用品

1. 植物材料：黑藻（*Hydrilla verticillata*）茎尖纵切制片，向日葵（*Helianthus annuus*）茎横切制片，南瓜茎横切制片，小麦茎横切制片，玉米茎横切制片，椴树（*Tilia tuan*）茎一、二、三年生横切制片，油松（*Pinus tabuliformis*）三年生横切制片，油松木材三方向切片；多年生木本植物枝条。

2. 器具：显微镜。

三、实验内容和方法

（一）茎的基本形态

取多年生木本植物的枝条，观察节与节间、顶芽与腋芽、叶痕、维管束痕、芽鳞痕及皮孔的形态特点。茎上着生叶和芽的位置叫做节，两节之间的部分为节间。顶芽着生于枝条顶部，腋芽（侧芽）着生于叶腋处。茎上叶脱落后留下的痕迹，叫叶痕。在叶痕内，叶柄与茎内维管束断离后留下的点状痕迹，叫维管束痕。顶芽（鳞芽）展开时，外围的芽鳞脱落后留下的痕迹，叫做芽鳞痕。根据芽鳞痕的数目可判断枝条的生长年龄。枝条表面可看到许多裂隙或突起，即为皮孔。

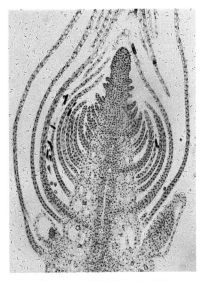

图 2-33 黑藻茎尖纵切图

（二）茎尖结构

观察黑藻茎尖纵切片，先用低倍物镜观察，可看到最顶端由原生分生组织构成的呈圆锥形的生长点，生长点下方为侧生的呈圆锥状的叶原基，叶原基将来发育成幼叶，再进一步发育成叶片（图 2-33）。叶原基下方及幼叶与幼叶之间，可观察到圆柱状突起，这些突起叫腋芽原基（枝原基），将来发育成侧枝。转换高倍物镜观察生长锥、芽轴及其下方的细胞结构特点，区分茎尖的分区，自上而下可分为分生区、伸长区和成熟区三部分，顶端无类似根尖根冠的结构（想一想，为什么？）。

（三）双子叶植物茎的初生结构

1. 向日葵茎的初生结构

取向日葵茎初生结构横切片置显微镜下观察，先用低倍物镜观察整体，由外向内可看到表皮、皮层、维管柱及散布于皮层中的分泌腔（图 2-34）。换高倍物镜观察各部分。

1）表皮　　位于最外层的一层细胞，细胞排列整齐而紧密，细胞外覆盖有角质层，同时也可看到气孔、表皮毛、腺毛等附属物。

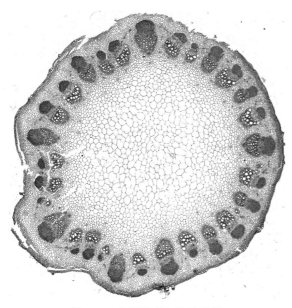

图 2-34 向日葵茎初生结构图

2）皮层 表皮以内、维管柱以外部分，主要由薄壁细胞组成。靠近表皮的几层细胞体积较小，为厚角组织。厚角组织以内是细胞外形较大的基本组织，细胞多层且胞间隙较大，其中还可观察到分泌组织，如分泌腔。

3）维管柱 皮层以内为维管柱，由维管束、髓和髓射线组成。

（1）维管束：维管束在横切面上呈一圈排列，由初生韧皮部、初生木质部和束中形成层组成。初生韧皮部位于维管束外方（离心部位），其中呈多角形的细胞为筛管，伴胞小而紧贴筛管，其余是韧皮薄壁细胞。厚壁的韧皮纤维常集中于初生韧皮部外方。初生木质部位于维管束内方（向心部位），其中成行排列被染成红色的为导管，由切片可见，导管直径由内而外逐渐增大，木质部薄壁细胞分布于导管之间。在初生韧皮部和初生木质部之间有时也可看到几层呈扁平长方形的细胞，即束中形成层。

（2）髓：位于茎中央，由大型薄壁细胞组成，细胞中常含贮藏物质。

（3）髓射线：髓射线为维管束之间的一些薄壁细胞，它们贯通皮层和髓部。

2. 南瓜茎的初生结构

取南瓜茎横切片置显微镜下观察，先用低倍物镜观察整体，由外向内依次是：表皮、皮层、维管柱（图 2-35）。注意南瓜茎皮层外部的厚角组织。南瓜茎维管柱由两圈维管束组成，外

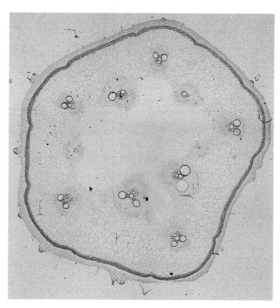

图 2-35 南瓜茎横切图

圈、内圈各有 5 个维管束，外圈维管束较小，内圈的较大。维管束之间是髓射线，中央是髓。维管束由初生木质部、初生韧皮部、形成层构成，是无限维管束。南瓜茎的维管束是双韧型，即初生木质部内方及外方都有初生韧皮部。

（四）双子叶植物茎的次生结构

1. 维管形成层产生过程

双子叶植物茎维管形成层产生于初生木质部和初生韧皮部之间，由位于维管束中的初生木质部与初生韧皮部之间的形成层（束中形成层）和位于维管束之间的薄壁组织（束间形成层）构成。维管形成层由纺锤状细胞和射线状细胞构成，维管形成层活动时，纺锤状原始细胞分裂向内产生次生木质部，加在初生木质部外方；向外分裂产生次生韧皮部，加在初生韧皮部内方。射线状细胞分裂向内产生木射线，向外产生韧皮射线。

2. 木栓形成层产生位置及过程

木栓形成层产生的部位因植物而异，有些植物（如柳树、苹果、夹竹桃等）木栓形成层产生于表皮细胞；有些植物（如棉花等）产生于紧靠表皮的一层细胞或皮层薄壁细胞；有些植物（如葡萄、茶等）产生于初生韧皮部的薄壁细胞。木栓形成层进行活动分别向内和向外产生栓内层和木栓层，三者共同构成周皮。周皮上没有木栓化、保持薄壁细胞性质的部位，形成植物茎干内外交流的通道，称为皮孔。

3. 双子叶植物木本茎的次生结构

木本植物是多年生植物，由于形成层长期活动，累积了多年的次生结构，所以次生结构在显微镜下十分明显，尤其是次生木质部。

观察 1～3 年生椴树茎的横切片，如图 2-36 所示。

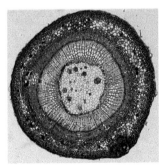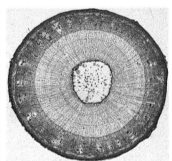

图 2-36　椴木一年生（左）、二年生（中）、三年生（右）茎横切图

1）表皮　　已基本脱落，仅存部分残片，有厚的角质层。
2）周皮　　很明显，已代替表皮行使保护功能，由木栓层、木栓形成层和栓内层组成。它们各有什么特点？ 有无皮孔发生？ 如有，皮孔的具体结构如何？

3）皮层　　周皮之内、维管柱之外，仅由数层厚角组织和薄壁组织组成，有些薄壁细胞含有晶簇。

4）韧皮部　　皮层和形成层之间，细胞排列呈梯形（底边靠近形成层），与排列成喇叭形的髓射线薄壁细胞相间分布。在切片中，明显可见的是被染成红色的韧皮纤维与被染成绿色的韧皮薄壁细胞、筛管和伴胞呈横条状相间排列。注意识别口径较大的、壁薄的筛管和其旁侧染色较深、具核的伴胞。

5）形成层　　只有一层细胞，但因其分裂出来的幼嫩细胞还未分化成木质部和韧皮部的各种细胞，所以看上去这种扁的细胞有 4 ～ 5 层之多，排列整齐，而且径向壁连成一线。

6）木质部　　形成层以内，在横切面上占有最大面积，主要是次生木质部。由于细胞直径大小和壁的厚薄不同，可看出年轮的明显界线，呈同心环状。紧靠髓部周围的，有几束是初生木质部，细胞分为导管、管胞、木纤维和木薄壁细胞，此外还有内外排列呈放射状的薄壁细胞——木射线。注意区别早材和晚材。

7）髓　　位于茎中心，多数为薄壁细胞，还有少数石细胞。那些围绕着大型薄壁细胞的小型厚壁细胞，即环髓鞘（带）。一般髓细胞内含物丰富，除有淀粉粒和晶簇外，还含有单宁和黏液等，所以部分细胞染色较深。

8）髓射线　　由髓的薄壁细胞向外辐射排列，经木质部时，是 1 ～ 2 列细胞，至韧皮部薄壁细胞变大，并沿切向方向延长，呈倒梯形或倒三角形。

9）维管射线　　位于每个维管束之内，由木质部和韧皮部之中起横向运输的薄壁细胞（木射线和韧皮射线）组成，一般短于髓射线。髓射线在初生结构中就有，它们是维管束之间的射线。茎中维管束数目常一定，因此，髓射线的数目常为定数。另外，上述两种射线的来源不同，髓射线最初来源于基本分生组织，有了次生生长后，则来源于维管形成层的射线原始细胞，而维管射线只是由次生分生组织（维管形成层）中的射线原始细胞分裂、分化而来。

4. 木材三切面的观察

1）木材三切面　　用肉眼观察一段直径为 10 ～ 20cm 的裸子植物茎的实物标本。

（1）横切面：与中轴垂直所作的切面为横切面。在横切面上，年轮成同心圆排列，从圆心辐射向四周的细条状结构，为木射线。

（2）径切面：通过圆心所作的纵切面为径切面。径切面上年轮似平行的狭带，木射线呈片状，与年轮相互垂直。

（3）弦切面（切向切面）：与径向面平行，但不通过圆心所作的纵切面。此面上年轮呈宽带状或波状，木射线只能见到点状横切面。

2）木材三切面的显微结构　　取油松木材三方向制片置显微镜下观察其结构特点，如图 2-37 所示。

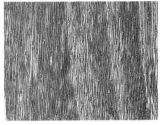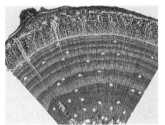

图 2-37　油松茎三方向切面

左.径切面；中.弦切面；右.横切面

（1）横切面：管胞近四方形，其中直径较大、壁较薄、排列较松、着色较淡的管胞为早材，而直径较小、壁较厚、排列较紧密、着色较深的为晚材。在管胞壁上可见具缘纹孔的横切面，早材或晚材中还可见树脂道的横切面和纵行排列的薄壁细胞——木射线。

（2）径切面：管胞呈纵行排列，两端斜尖，其上可见正面观的具缘纹孔。管胞之间贯穿着数行横向排列的薄壁细胞，为木射线。注意：在此切面上，如何区分早材和晚材？

（3）弦切面：早材和晚材的界限不如径切面上明显，具缘纹孔常数个排成一串。在管胞之间可见单列或多列木射线细胞的横断面。

（五）单子叶植物茎的结构

绝大多数单子叶植物茎与根一样，通常不进行次生生长，只有初生结构。

取玉米和小麦茎横切片置显微镜下观察，可以观察到茎由表皮、基本组织、维管束构成（图 2-38）。

1）表皮　　位于最外层，是一层扁平、排列紧密的细胞，外壁被有角质膜。

2）基本组织　　表皮以内充满基本组织（即薄壁组织）。小麦茎的中央

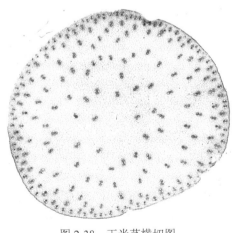

图 2-38　玉米茎横切图

形成髓腔。玉米茎中，紧靠表皮的部位有数层细胞体积小、排列紧密、被染成红

色的厚壁组织；厚壁组织以内，是细胞大、排列疏松的薄壁组织，越靠近中央，细胞体积越大。小麦茎中，紧靠表皮有数层厚壁细胞，在厚壁组织靠近表皮的部位散布着含有叶绿体的绿色同化组织。水生植物茎的基本组织中分布着由薄壁组织构成的空腔，即通气组织。

　　3）维管束　　玉米茎中维管束散生。靠近边缘部分维管束小，数量多，茎中部的维管束大，数量少。每个维管束由初生木质部、初生韧皮部和维管束鞘组成，是有限外韧维管束。韧皮部位于茎外侧，由横切面呈多边形、细胞口径较大的筛管和与筛管相连、横切面呈三角形的伴胞组成。木质部在韧皮部内侧，呈"V"形，紧接韧皮部的两个大型孔纹导管和中间的管胞是后生木质部，其下方两个小型的环纹导管和螺纹导管是原生木质部；在原生木质部中也有小型薄壁细胞，两个导管下方常有较大的空腔，这是由原生木质部薄壁组织破裂形成的，也称气隙。包围维管束的机械组织是维管束鞘，常被染成红色。小麦的维管束有内外两环。外环维管束小，分布于机械组织中；内环维管束大，分布于薄壁组织中。小麦维管束的结构与玉米的相似。

（六）裸子植物茎的次生结构

　　裸子植物茎次生结构与双子叶植物木本茎的次生结构相似，不同之处在于细胞的组成类型。木质部由大量排列均匀整齐的管胞和较少的木薄壁组织组成，其中早材的管胞壁薄、腔大，晚材的管胞壁厚、腔小，排列紧密，无导管和典型的木纤维；韧皮部由大口径筛胞和小型韧皮薄壁细胞组成，排列紧密，无筛管和韧皮纤维。取油松三年生横切片置显微镜下观察（图 2-39），注意比较其与多年生双子叶植物木本茎的区别。

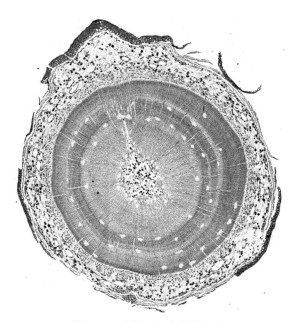

图 2-39　油松三年生茎横切图

四、课堂作业

1. 绘向日葵茎横切面局部实际图，并注明各部分名称。

2.绘玉米茎横切面局部实际图，并注明各部分名称。

3.绘三年生椴树茎横切面局部理论图，并注明各部分名称。

五、思考题

1.比较双子叶植物根和茎初生结构的异同。

2.比较双子叶植物与单子叶植物茎结构的异同。

3.双子叶植物茎形成层产生的部位、过程、结果各是什么？有何特点？

4.多年生双子叶植物木本茎由外到内包括哪些部分？各有何特点？

5.怎样区分木材的三切面？

实验六 叶的结构与生态类型

一、目的和要求

1.掌握一般被子植物、禾本科植物叶的结构。

2.掌握不同生境下植物叶片的结构特点，并进一步理解结构与功能相适应的关系。

3.了解裸子植物叶的结构特点。

二、实验用品

1.植物材料：海桐（*Pittosporum tobira*）叶横切制片，小麦、水稻、玉米叶横切制片，小麦叶肉细胞制片，夹竹桃（*Nerium indicum*）叶横切制片，菹草（*Potamogeton crispus*）叶横切制片，睡莲（*Nymphaea tetragona*）叶横切制片，油松针叶横切制片。

2.器具：显微镜。

三、实验内容和方法

（一）一般被子植物叶的结构

取海桐叶横切片置显微镜下观察，先用低倍物镜观察，可看到海桐叶片由表皮、叶肉和叶脉三部分组成（图 2-40），然后转换高倍物镜仔细观察每一部分的特点。

（1）表皮：位于叶的上下表面，分别称为上表皮和下表皮。上、下表皮均为一层细胞组成，横切面呈长方形，外壁有透明角质层。气孔在上、下表皮中

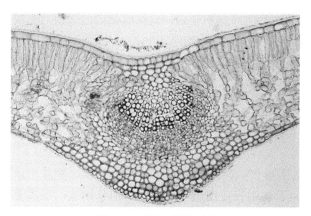

图 2-40 海桐叶横切图

均有分布，但以下表皮为多，并能见到保卫细胞的横切面，在其内侧可看到有明显的气室。

（2）叶肉：位于上、下表皮之间，细胞中含有大量叶绿体。靠近上表皮，与其垂直的一层（或 2 层）排列整齐的长圆柱形薄壁细胞称为栅栏组织，细胞内含叶绿体较多。在栅栏组织和下表皮之间，有许多形状不规则、排列疏松的薄壁细胞，称为海绵组织，细胞内含叶绿体较少。

（3）叶脉：主脉在叶片上明显隆起，靠上表皮的木质部染成红色，靠下表皮的韧皮部染成绿色，形成层居于二者之间。维管束四周有薄壁组织，其上下为厚角组织或厚壁组织与上下表皮相连。叶肉中还有侧脉和细脉，大小不等，纵横排列。

（二）禾本科植物叶的结构

1. 小麦叶

禾本科植物叶与一般被子植物叶有很大不同，它们的叶片没有栅栏组织和海绵组织之分，称为等面叶。取小麦叶片横切制片，置显微镜下观察（图 2-41），可见以下结构。

（1）表皮：小麦叶表皮分上、下表皮，各由一层细胞组成。表皮由表皮细胞、表皮毛、气孔器、上表皮泡状细胞（或称运动细胞）构成。表皮细胞外壁角质层增厚，并高度硅化，形成一些硅质和栓质乳突及附属毛。泡状细胞位于两个维管束之间，呈扇形，外壁无角质层增厚。上、下表皮均有气孔分布，可见保卫细胞和副卫细胞的横切面。

（2）叶肉：无栅

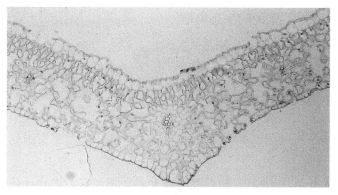

图 2-41 小麦叶横切图

栏组织和海绵组织之分，属等面叶。叶肉细胞不规则，其细胞壁向内皱褶，形成具有"峰""谷""腰""环"结构的叶肉细胞（观察小麦叶肉细胞制片）。水稻叶中有发达气腔，注意比较小麦与水稻叶的不同。

（3）叶脉：为平行脉，见到的只有横切面。维管束有大有小，维管束鞘为两层细胞，外层细胞较大、壁薄、含少量叶绿体，内层细胞小、壁厚，为 C_3 植物。叶脉上、下方都有机械组织将叶肉隔开而与表皮相连，属有限维管束。

2. 玉米叶

取玉米叶横切制片置显微镜下观察，其结构与小麦叶基本相似，叶片由表皮、叶肉、叶脉构成（图 2-42）。表皮由表皮细胞、气孔器、泡状细胞、表皮毛构成。叶肉细胞同形，没有栅栏组织和海绵组织之分。叶脉是有限维管束，叶脉上下方都有机械组织将叶肉隔开而与表皮相连。维管束外只有一层由较大薄壁细胞组成的维管束鞘，构成维管束鞘的细胞内含大而浓密的叶绿体。围绕维管束鞘有一层呈放射状紧密排列的细胞，这些细胞中所含的叶绿体较维管束鞘细胞中的小一些，这种结构称为"花环形"结构，是 C_4 植物所独有的。注意比较 C_3 植物与 C_4 植物维管束鞘的差异，有无"花环形"结构。

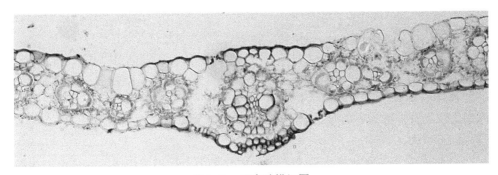

图 2-42　玉米叶横切图

（三）叶的生态类型

1. 旱生植物叶

取夹竹桃叶横切制置显微镜下观察，可见结构如图 2-43 所示。

（1）表皮：上、下表皮均由 2～4 层排列整齐而紧密的表皮细胞组成，外壁有发达角质层，这种由多层表皮细胞形成的比较耐旱的表皮称为复表皮。下表皮有许多凹陷的穴，每穴内有多个气孔，为密生表皮毛所覆盖，此结构称为气孔窝。

（2）叶肉：栅栏组织在上、下表皮内侧均存在，且常多层。海绵组织位于栅栏组织之间，层数较多，胞间隙不发达。

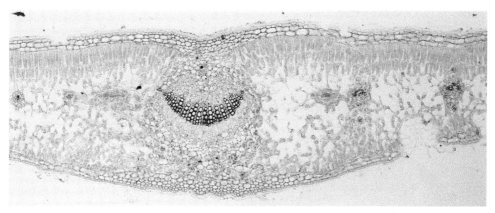

图 2-43 夹竹桃叶横切图

（3）叶脉：主脉较大，侧脉很小，结构同一般双子叶植物。

注意观察旱生植物叶结构的一般特点。表皮是否多层？是否有气孔窝存在？栅栏组织、海绵组织排列是否紧密？叶脉是否发达？

旱生植物为了适应干旱环境，向两个方面进化：①发育形成发达的皮系统，防止水分散失，叶形变小，叶肉排列紧密，以增加同化能力；②发育形成发达的贮水系统。

2. 水生植物叶

1）浮水植物 取睡莲叶横切片，置显微镜下观察，可见叶肉的栅栏组织和海绵组织分化明显，栅栏组织在上方，细胞内含较多的叶绿体；海绵组织在下方，有十分发达的气腔和一些分枝状石细胞；维管组织特别是木质部不发达（图 2-44）。

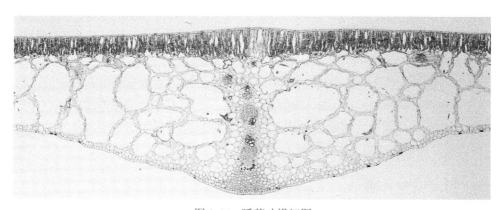

图 2-44 睡莲叶横切图

2）沉水植物 取眼子菜属菹草叶横切片，置显微镜下观察，可见叶由表皮、叶肉和叶脉构成，但由于它所处的是水生环境，因此叶的结构也发生了很大变化。

（1）表皮：细胞壁较薄，一般无角质层，细胞中常有叶绿体，无气孔。

（2）叶肉：叶肉不发达，无栅栏组织与海绵组织分化，胞间隙特别发达，形成许多通气组织。

（3）叶脉：叶脉中的维管束极端退化，甚至看不到导管。

（四）裸子植物叶的结构

以松属植物油松为例，观察裸子植物叶的结构。松属植物叶一般为半圆形或三角形，2～5针一束生长。取松针叶横切制片置显微镜下观察，可见结构如图 2-45 所示。

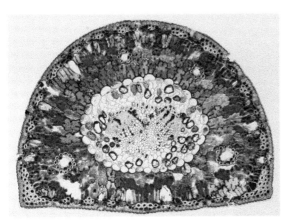

图 2-45　油松叶横切图

1. 表皮

表皮细胞外壁有很厚的角质膜，气孔明显下陷，由一对保卫细胞和一对副卫细胞构成。保卫细胞椭圆形，副卫细胞在保卫细胞上方，盖着保卫细胞。

2. 叶肉

叶肉由呈褶皱状的薄壁细胞组成，无栅栏组织与海绵组织之分，叶肉中分布有树脂道。每个树脂道由两层细胞构成，外层是厚壁鞘细胞，内层是薄壁上皮细胞。叶肉最内层细胞，围成圆圈，为内皮层，侧壁上有凯氏点（带）加厚，染成红点。

3. 维管组织

维管组织位于内皮层之内，两个维管束并列而存，木质部在近轴面，韧皮部在远轴面。维管束和内皮层之间的一部分细胞，具有横向运输养料的功能，称为转输组织。转输组织由 3 种不同的细胞构成，一种是活的薄壁细胞，另一种是没有内含物的死细胞（管胞状细胞），还有一种是位于韧皮部外侧、富含贮藏物（蛋白质）的薄壁细胞（蛋白细胞）。

四、课堂作业

1. 绘海桐叶通过主脉横切面局部实际图，并注明各部分名称。

2. 绘玉米叶横切面局部实际图，并注明各部分名称。

五、思考题

1. 比较小麦叶与玉米叶的异同。
2. 从环境与结构相适应角度阐明旱生植物叶的结构特点。
3. 裸子植物（油松）叶有何结构特点？

实验七　花的组成与花序类型

一、目的和要求

1. 掌握花的形态术语，认识花的基本形态结构。
2. 掌握解剖花的正确方法，并学会用花程式描述花的结构。
3. 掌握常见花序的类型与特征。

二、实验用品

1. 植物材料：紫丁香（*Syringa oblata*）、诸葛菜（*Orychophragmus violaceus*）、早开堇菜（*Viola prionantha*）、西府海棠（*Malus micromalus*）、洋槐（*Robinia pseudoacacia*）、金钟花（*Forsythia viridissima*）、山桃（*Amygdalus davidiana*）、榆叶梅（*Amygdalus triloba*）、车前（*Plantago asiatica*）、中华小苦荬（*Ixeridium chinense*）、荠（*Capsella bursa-pastoris*）等植物的花或花序。

2. 器具：显微镜、放大镜、镊子、解剖针、刀片、培养皿。

三、实验内容和方法

1. 花的组成

被子植物的花通常包括花柄、花托、花萼、花冠、雄蕊群和雌蕊群六部分。

花的解剖有两种方法：一种是过花的中轴纵剖；另一种是自外向内按顺序剥取花的各部分，逐层进行观察。前一种方法便于观察花托的形状、各轮花器官与花托之间的关系，后一种方法适于观察各轮花器官的数目、联合情况等。开花时，一般雌蕊较小，注意从形态和结构上分辨单雌蕊、离生单雌蕊和复雌蕊。合生心皮可通过分离的柱头或花柱判断心皮数目，也可通过横剖子房观察，这样既可了解心皮数目，还可观察到胎座的类型。

取几种植物的花进行解剖观察，注意花的对称性，萼片、花瓣、雄蕊和雌蕊的数目、联合情况，花托形状及其与子房的关系，以及胎座类型。

（1）紫丁香：合瓣花，高脚碟形花冠；冠生雄蕊2枚；2心皮复雌蕊，子房上位，2 子房室。

（2）诸葛菜：离瓣花，十字形花冠；雄蕊 6 枚，四强雄蕊；2 心皮复雌蕊，子房上位，1 子房室。

（3）早开堇菜：离瓣花，有距花冠；离生雄蕊 5 枚；3 心皮复雌蕊，子房上位，3 子房室。

（4）洋槐：离瓣花，蝶形花冠；雄蕊 10 枚，二体雄蕊；单雌蕊，子房上位。

（5）西府海棠：离瓣花，蔷薇形花冠；雄蕊多数；5 心皮复雌蕊，子房下位，5 子房室。

2. 花序类型

（1）无限花序：无限花序的主轴在开花期间，可以继续生长，向上伸长，不断产生花芽。花的开放顺序是花轴基部的花先开，然后向上方顺序推进，依次开放，或者花由边缘先开，逐渐趋向中心。

（2）有限花序：与无限花序相反，有限花序的花轴顶端或最中心的花先开，开花顺序由上而下或由内而外。

取各种植物的花序，识别花序类型，掌握无限花序和有限花序常见类型与特征。

四、课堂作业

1. 写出诸葛菜、西府海棠、紫丁香的花程式。
2. 绘洋槐花的蝶形花冠，并注明各部分名称。

五、思考题

1. 哪些类型花序是无限花序？哪些类型花序是有限花序？结合常见植物举例说明。
2. 如何判断子房上位和子房下位？

实验八　雄蕊、雌蕊的发育与结构及果实类型

一、目的和要求

1. 掌握未成熟和成熟花药的结构。
2. 了解小孢子发育为雄配子体（花粉粒）的过程。
3. 掌握胚珠和成熟胚囊的结构。
4. 掌握果实的结构和基本类型。

二、实验用品

1.植物材料：百合花药（未成熟和成熟花药）横切制片，百合子房横切制片；番茄、柑橘、桃（*Amygdalus persica*）、李（*Prunus salicina*）、苹果（*Malus pumila*）、草莓（*Fragaria ananassa*）、桑（*Morus alba*）、玉兰（*Magnolia denudata*）、八角（*Illicium verum*）、菜豆（*Phaseolus vulgaris*）、绿豆（*Vigna radiata*）、落花生、白菜（*Brassica pekinensis*）、荠、陆地棉、向日葵、玉米、板栗（*Castanea mollissima*）、蜀葵（*Althaea rosea*）、胡萝卜、菠菜等植物的果实。

2.器具：显微镜等。

三、实验内容和方法

（一）雄蕊的发育与结构

雄蕊是花的重要组成部分，由花丝和花药两部分组成。花药中产生花粉母细胞，由花粉母细胞通过减数分裂形成小孢子，然后由小孢子进一步发育成成熟花粉粒。本实验主要观察不同发育时期百合花药的横切片，了解不同时期花药的基本结构和花粉粒发育过程。

1.百合花药幼期

取幼嫩百合未成熟花药横切片，在显微镜低倍物镜下观察，可见横切片上花药呈蝴蝶形（图2-46），每一个花药由4个花粉囊和一个药隔组成，药隔位于中央，药隔两侧各有两个花粉囊，药隔中间是药隔维管束。选一切面完整、层次清晰的花粉

图 2-46 百合未成熟花药横切图

囊，换高倍物镜观察，可见花粉囊壁从外到内依次为：表皮、药室内壁、中层、绒毡层，花粉囊内为花粉母细胞。

2.百合花药成熟期

取百合成熟花药横切片观察，与未成熟花药相比，其结构发生了很大变化（图2-47）。绒毡层已完全退化，中层部分或全

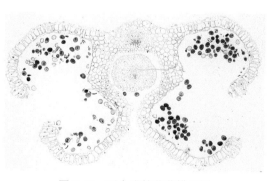

图 2-47 百合成熟花药横切图

部退化或仍保留一层或两层扁平的细胞，而药室内壁在细胞壁上有带状不均匀加厚，称为纤维层。同时，药隔两侧的一对花粉囊之间的间隔解体，两室相互连通。由于纤维层不均匀收缩而开裂，花粉粒由开裂处散出。

（二）雌蕊的发育与结构

雌蕊是花的重要组成部分，由柱头、花柱、子房三部分组成。子房中产生胚珠，胚珠中产生胚囊母细胞，由胚囊母细胞通过减数分裂产生大孢子，然后由大孢子发育成成熟胚囊。本实验以百合子房横切片为材料，观察百合子房横切片的结构和胚珠发育过程。

1. 百合子房的结构

取百合子房横切片，在低倍物镜下观察子房全貌（图 2-48），可看到百合子房横切面近圆形，有 3 个子房室，每个子房室中在横切面上有两个胚珠，胚珠着生处即胎座，对着每个子房室中央凹陷处的子房壁中有一维管束通过，此为背束，与其相应的子房壁外部也有一凹陷，为背缝线。两个子房室之间是两心皮结合处，为腹缝线。腹缝线往里的隔膜上有一维管束，为腹束，两心皮在此处联合并向里折叠形成子房室之间的隔膜。隔膜在中央汇合形成一中轴，胚珠着生在此轴上。

2. 百合胚囊的发育与成熟胚珠的结构

取不同发育时期的百合子房横切制片，先用低倍物镜找到经中央纵切的胚珠，可观察到在珠心组织中有一个核大质浓的细胞，为大孢子母细胞，此时珠被刚刚开始形成突起。大孢子母细胞进行减数分裂，形成二核胚囊、四核胚囊、八核胚囊，珠被也逐渐长大形成，直至胚囊成熟（贝母型胚囊）（图 2-49）。这时，可清楚观察到如下结构。①珠被：包在胚珠外围，分为外珠被和内珠被两层。②珠孔：内、外珠被顶端不闭合所保留的孔隙。③合点：位于珠孔相对一端，

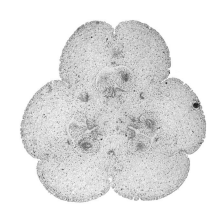

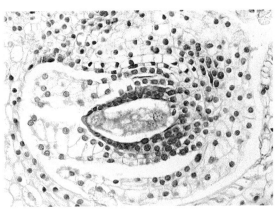

图 2-48　百合子房横切图　　　　　　　　图 2-49　百合胚囊

是由胎座进入胚珠的维管束、珠柄与珠心三者的汇合处。④珠心：珠被包围着的部分。⑤胚囊：位于珠心中央，成熟胚囊为 8 核 7 细胞结构，即珠孔端 3 个细胞，中间较大的一个是卵细胞，两侧两个较小的为助细胞，三者构成卵器；合点端 3 个细胞为反足细胞；胚囊中间为含有 2 个极核的中央细胞。

（三）果实的结构与类型

根据形态结构将果实分为单果、聚合果和聚花果。

1. 单果

单果由一朵花中的一个单雌蕊或复雌蕊发育而成，根据发育来源分为真果和假果两类。

1）真果　　单纯由子房发育而成。

（1）干果：果实成熟时果皮干燥，有的开裂，有的不开裂。

蓇葖果：观察玉兰或八角的果实，注意是否开裂、胚珠着生位置、子房室数及胚珠数。

荚果：观察菜豆、绿豆或落花生的成熟果实，注意果皮是否自动开裂、腹缝线与背缝线的位置、胎座类型与子房室数、胚珠数目等特征。

角果：观察荠、白菜或油菜的果实，区分短角果与长角果，判断子房室数、胎座类型及胚珠数。

蒴果：观察棉花的果实，注意开裂方式、胎座类型及胚珠数等特征。

瘦果：观察向日葵的果实，注意果皮是否开裂、果皮与种皮是否分离及内含种子数目。

颖果：观察小麦、玉米的果实，注意果皮与种皮能否分离及种子数。

坚果：观察板栗果实，注意果皮质地、子房室数、种子数、果皮与种皮是否分离。

翅果：观察榆树和鸡爪槭的果实，注意果皮延伸物形状。

分果：观察蜀葵的果实，注意小果果皮是否开裂。

双悬果：观察胡萝卜的果实，注意两个果瓣的形态和位置、是否开裂、内含种子数。

胞果：观察菠菜的果实，注意是否开裂、内含种子数。

（2）肉质果：果实成熟时，果皮或其他组成部分肉质多汁。

浆果：观察西红柿的果实，注意胎座类型、内含种子数、食用的肉质化部分主要来自什么结构。

柑果：观察柑橘的果实，注意区分外果皮、中果皮和内果皮，胎座类型，胚珠着生情况；外果皮是否有分泌腔；维管束所在的果皮层是什么；果瓣是什么；食用的肉质多浆的汁囊是什么结构。

核果：观察李和桃的果实，判断肥厚多汁的食用部分是果实的什么结构；果核是果实的哪部分结构；内含种子数。

2）假果　　除子房外还有其他花部参与了果实的形成。

瓠果：横切黄瓜和西瓜的果实，判断黄瓜和西瓜果壁的来源，食用部分是什么结构。

梨果：观察苹果和梨的果实，与果柄相对的一端细小突起是什么？横切果实，识别维管束分布和横切面色泽的差异，区分花萼筒和子房壁。苹果果实的食用部分由什么结构发育而来？近中部革质化的结构是什么？什么胎座类型？

2. 聚合果

聚合果由一朵花中多数离生单雌蕊发育形成。根据组成聚合果的单个果实的类型和特征，聚合果有聚合蓇葖果、聚合核果、聚合坚果、聚合瘦果和聚合浆果几种类型。

聚合蓇葖果：观察八角的果实，注意单个果实的特征。

聚合坚果：观察莲的果实，注意单个果实着生的位置和特征，判断单个果实周围的海绵状结构是什么，花托是否参与了果实的形成。

聚合瘦果：观察草莓的果实，判断黄色结构是什么，食用部分主要由什么结构发育形成。

3. 聚花果

聚花果由整个花序发育而成。

观察桑的果实，注意子房的位置、特征和子房以外结构的特征，判断食用部分主要是什么结构发育而来。

四、课堂作业

1. 绘百合花药花粉成熟时期横切面详图，并注明各部分名称。

2. 绘百合子房横切片简图，并注明各部分名称。

五、思考题

1. 百合未成熟花药和成熟花药结构有哪些不同？

2. 百合胚囊的发育属于哪种类型？与蓼型胚囊发育过程有什么不同？

3. 花粉母细胞是怎样形成的？

4. 花粉粒是怎样形成的？花粉粒发育经历了哪几个阶段？各阶段的特点是什么？

第三章

植物系统分类实验

实验九　藻类植物

一、目的和要求

1. 通过对蓝藻门、绿藻门、轮藻门、硅藻门、褐藻门和红藻门代表种类的观察，掌握藻类植物主要特征及生活史类型。

2. 了解藻类植物在系统分类中的进化地位，认识常见经济藻类植物。

二、实验用品

1. 植物材料：普通念珠藻、轮藻、海带、紫菜浸泡标本和新鲜采集的水样等；普通念珠藻、水绵丝状体、水绵接合生殖、轮藻藏精器与藏卵器、海带带片经孢子囊横切、紫菜精子囊和果孢子、硅藻的永久制片。

2. 器具：显微镜、解剖针、镊子、吸管、载玻片、盖玻片、培养皿、吸水纸、小烧杯等。

3. 试剂：I_2-KI 染液、蒸馏水。

三、实验内容和方法

1. 蓝藻门代表植物观察

念珠藻是蓝藻门（Cyanophyta）的代表植物，为常见固氮蓝藻。实验前 1h 将普通念珠藻（*Nostoc commune*）浸泡于温水中。用镊子取一小块胶质，置于载玻片上，用镊子捣碎，制成临时水装片。在显微镜下观察，可见由许多单列细胞组成的串珠状丝状体，周围具有较厚的胶质。丝状体中有个别形体较大、细胞壁较厚、不含原生质的细胞，称为异形胞。营养繁殖时，异形胞将丝状体分隔成段，每段称为段殖体（图 3-1）。有些丝状体中可

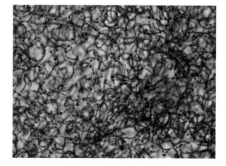

图 3-1　普通念珠藻

见连续的几个大型厚壁休眠孢子（厚垣孢子），其原生质浓，颜色深，经休眠后萌发成新的丝状体。雨季湿地或阴湿草地都可找到念珠藻，采集念珠藻后做涂片观察。

2. 绿藻门代表植物观察

水绵（*Spirogyra communis*）是绿藻门的代表植物，为淡水池塘和沟渠中最常见的一类丝状绿藻，植物体为多细胞不分枝丝状体，用手触摸有黏滑的感觉。用镊子取少量水绵丝状体，用解剖针使丝状体充分散开，制成临时装片。在显微镜下观察，可见水绵丝状体由一列圆柱形细胞连接而成，每个营养细胞中有1条或数条带状载色体，呈螺旋状悬浮于细胞质中，载色体上有多个发亮的颗粒，为蛋白核，细胞中央有一个大液泡（图3-2）。若找不到细胞核，可加少许碘液再观察，即可看到载色体上的淀粉核呈蓝黑色，细胞核位于中央，被染成黄色。水绵的营养繁殖简单，植物体任何一段都可离开母体发展为新植物体。

水绵有性生殖为接合生殖，发生于春秋季，藻丝由绿变黄。取水绵接合生殖制片观察，可见两条丝状体先行接近，相对的两细胞壁产生突起，并逐渐密接，细胞壁溶解而形成接合管，两条丝状体之间可形成多个横向接合管，注意在此过程中原生质体逐渐浓缩形成配子，其中一条藻丝细胞的配子（＋）以变形运动方式进入另一条藻丝细胞中（－），形成结合子（图3-2）。后母体死亡，合子萌发形成新个体。

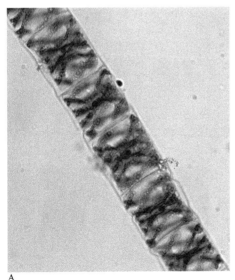

图 3-2　水绵

A. 水绵丝状体；B. 水绵接合生殖

3. 轮藻门代表植物观察

轮藻门轮藻属（*Chara*）植物体多大型，是植物体有节与节间之分的代表类型，一般高10～60cm，生于淡水的静水池塘边缘，以假根固着于水底淤泥中。观察轮藻标本，可见植物体上部具直立的"主枝"，有"节"与"节间"，每节着生一轮"旁枝"。观察轮藻装片，可看到藏卵器（卵囊）位于"茎节"处的叶状体腹面，由5个螺旋状管细胞构成，每个管细胞上有一个冠细胞，封住卵囊的口部，中间有一个大的卵细胞，下部有柄，整个形状为纺锤形。藏精器（精囊）位于藏卵器之下，球形，成熟时呈橘红色，由8个具柄的盾形细胞嵌合而成（图3-3）。每一个盾形细胞中间有一个长柱形柄细胞，其先端长有许多球形头细胞，头细胞上形成丝状精囊丝，精囊丝的每个细胞以后形成一个游动精子。藏精器成熟时自行开裂，产生大量精子，游动外出与卵细胞结合形成合子。合子萌发为新个体。

图 3-3　轮藻

4. 硅藻门代表植物观察

硅藻门种类较多，广泛分布于淡水、半咸水、海水或水中各种基物上。硅藻春秋两季生长旺盛，是鱼、贝等动物的饲料，也是海洋初级生产力的重要指标。藻体为单细胞，圆形、新月形或长杆形，可连接成各种形状的群体或丝状体。细胞壁由两个套合的半片组成，外面的半片为上壳，里面的半片为下壳，两个半片套合的地方成为环带面。壳面有各种花纹、突起。取采集的水样制成临时装片或直接在显微镜下观察永久制片，重点观察水体中常见的硅藻：直链藻属、小环藻属、舟形藻属、异极藻属、桥弯藻属等种类（图3-4），根据观察判断这些硅藻属于中心硅藻纲还是羽纹硅藻纲。

（1）直链藻属（*Melosira*）：藻体单细胞，圆柱形，常呈链状，各细胞的壳面相互连接，具有多个盘状色素体。壳面纹饰辐射对称或无。

（2）小环藻属（*Cyclotella*）：藻体单细胞，圆盘状，有些种类以壳面连成链状群体。壳面边缘有辐射状排列的线纹、孔纹、肋纹，中央平滑或具颗粒。

（3）舟形藻属（*Navicula*）：藻体单细胞或以壳面连成群体。壳面线形、椭圆形或披针形，两侧对称，两端头状、钝圆或喙状，具横线纹，中轴区狭窄；上下壳面均具壳缝，具中央节和极节。

（4）异极藻属（*Gomphonema*）：藻体单细胞或连成扇状群体。壳面棒形或披针形，两端不对称，上端宽，下端窄，线纹略呈辐射状。上下壳面均具壳缝，具中央节和极节。

（5）桥弯藻属（*Cymbella*）：藻体单细胞或连成群体。壳面大多新月形，有背腹之分，背侧突出，腹侧近平直，壳面具线纹、点纹或肋纹，略呈辐射状。上下壳面均具壳缝，具中央节和极节。

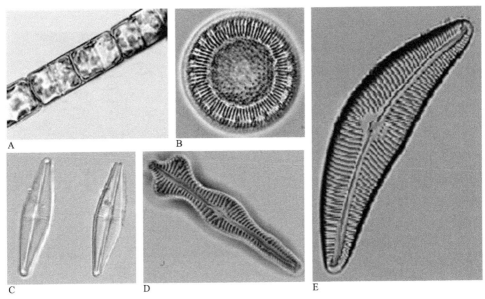

图 3-4　硅藻

A.直链藻属；B.小环藻属；C.舟形藻属；D.异极藻属；E.桥弯藻属

5. 褐藻门代表植物观察

海带（*Laminaria japonica*）是潮间带常见藻类，孢子体和配子体在大小和形态上差别很大。观察海带浸泡标本，可见其孢子体大型，深褐色，由假根状固着器、带柄和扁平带片组成。仔细观察带片，两面深褐色斑块为具孢子囊的区域。取海带带片横切永久制片观察，可见带片由表皮、皮层和髓3部分组成（图 3-5A）。表皮位于带片两面最外面，由1～2层小型具色素体的细胞组成，排列紧密；皮层在表皮下方，多细胞，排列疏松，靠外侧部分具黏液道；髓位于带片中央部分，由细长的髓丝和细胞一端膨大的喇叭丝组成。带片两面表皮有丛生的棒状孢子囊，里面的大颗粒是尚未释放的游动孢子。孢子囊之间夹生有许多细长侧丝，其上部膨大，内含多个金黄色色素体，顶端有透明的胶质冠，由胶质冠连成胶质层（图 3-5B）。孢子囊成熟后可产生双鞭毛游动孢子，孢子萌发后形成雌、雄配子体。

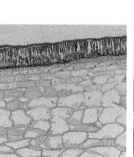
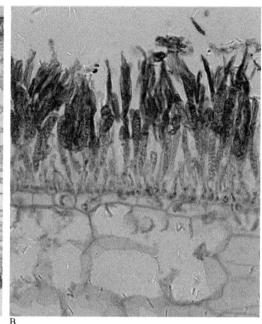

图 3-5　海带

A. 海带带片横切；B. 海带孢子囊

6. 红藻门代表植物观察

　　紫菜属（*Porphyra*）植物体片状，生活史为异形世代交替类型。坛紫菜（*P. haitanensis*）、条斑紫菜（*P. yezoensis*）和甘紫菜（*P. tenera*）是主要的养殖种类。取紫菜标本或市售紫菜，用水浸泡 10min 后放入培养皿中展开，观察其颜色，大体辨认果孢子（深紫红色）和精子囊（乳白色）的区域。从不同颜色区域分别撕取一小片叶状体，用解剖针和镊子展开，切勿折叠，加盖盖玻片，制成临时水装片，在显微镜下观察，营养细胞形状不规则，细胞分布均匀，各细胞间胶质较厚；果孢子深紫红色，细胞排列整齐，表面观常为 4 个细胞紧密排在一起；精子囊形状规则，排列整齐，较营养细胞和果孢子小，表面观常为 16 个（图 3-6）。加一滴 I_2-KI 染液，可见贮藏的红藻淀粉由黄褐色→红色→紫色的渐变过程。

四、课堂作业

　　1. 绘念珠藻一段丝状体，示营养细胞、异形胞和段殖体。

　　2. 绘水绵细胞结构及接合生殖图，示细胞壁、细胞质、细胞核、载色体、蛋白核、合子、接合管和藻丝性别（＋／－）。

　　3. 绘海带带片横切图，示表皮、皮层、髓、孢子囊、侧丝和胶质冠。

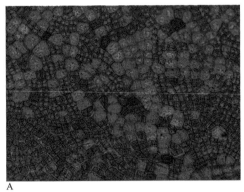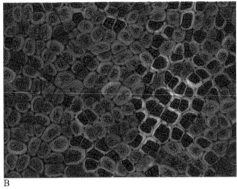

A　　　　　　　　　　　　　　　　B

图 3-6　紫菜

A. 精子囊；B. 果孢子

五、思考题

1. 原核生物与真核生物的区别是什么？为什么将蓝藻门归入原核生物？

2. 硅藻的繁殖方式有何特点？

3. 比较轮藻门和绿藻门的主要异同点，浅谈为何将轮藻独立为门。

4. 红藻与褐藻生活史的主要区别是什么？

5. 紫菜生活史具有世代交替吗？减数分裂发生在哪个时期？

实验十　真菌和地衣

一、目的和要求

1. 通过观察代表种类，掌握真菌门中鞭毛菌亚门、接合菌亚门、子囊菌亚门和担子菌亚门主要特征和生活史。

2. 了解地衣的基本形态和内部结构，能从外形上区别地衣的三种生活型。

二、实验用品

1. 植物材料：水霉、黑根霉、青霉、银耳、木耳、蘑菇新鲜材料；水霉有性生殖、黑根霉有性生殖、酵母菌、曲霉、蘑菇经菌褶横切永久制片；地衣标本、地衣叶状体横切、地衣经孢囊杯横切的永久制片。

2. 器具：显微镜、放大镜、解剖针、镊子、吸管、载玻片、盖玻片、培养皿、吸水纸、小烧杯等。

3. 试剂：5%KOH 溶液、I_2-KI 染液、番红染液、蒸馏水。

三、实验内容和方法

（一）真菌门代表种类观察

1. 鞭毛菌亚门

水霉属（*Saprolegnia*）：用镊子从感染水霉的鱼体表面取少量白色丝状体，放于滴有一滴 5%KOH 溶液的载玻片上，用解剖针仔细展开，制成水装片，在显微镜下观察：菌丝是否分枝？有无横隔？菌丝顶端是否有膨大的孢子囊？另取水霉有性生殖的永久制片观察菌丝顶端的精子囊和卵囊的形状，精子囊上管状受精管与圆球形卵囊相结合的情况（图 3-7）。

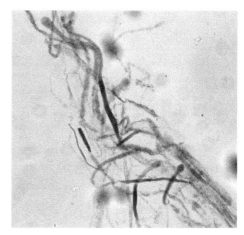

图 3-7　水霉有性生殖

2. 接合菌亚门

黑根霉（*Rhizopus nigricans*）：一种常见腐生菌，生长于馒头、面包或腐败食物上，成熟后孢子黑色，又称面包霉。用放大镜观察馒头或面包培养基上的黑根霉，白色菌丝体上有一些黑色颗粒状孢子囊。用解剖针挑取少许黑根霉制作临时水装片，显微镜下观察，可见菌丝体的匍匐枝横生于基质表面，匍匐枝与基质接触处产生分枝的假根，深入基质中，以吸收养分，注意观察菌丝有无横隔。黑根霉的无性生殖多在假根处向外产生直立菌丝，为孢子囊梗，顶端膨大形成球形孢子囊，仔细辨认囊轴、囊壁和孢子囊中的孢囊孢子（图 3-8）。

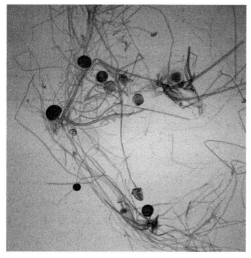 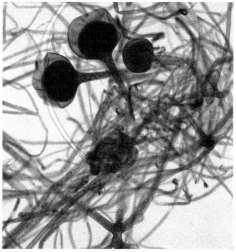

图 3-8　黑根霉无性生殖

取黑根霉有性生殖永久制片观察，可见两个不同宗来源的菌丝生出侧枝，侧枝顶端膨大，分别形成配子囊，配子囊与菌丝侧枝之间有一横隔，横隔后面部分为配子囊柄。配子囊成熟后，连接处的细胞壁消失，原生质体融合形成一个黑色厚壁合子，为接合孢子。

3. 子囊菌亚门

（1）酵母属（*Sacharomyces*）：观察酵母菌永久制片，可见菌体为单细胞，卵形，内有一个大液泡，细胞核不易看到，细胞质内含油滴。此外，在处于营养繁殖时的母菌体中可见芽体。

（2）青霉属（*Penieillium*）：青霉多生于腐烂水果的表面，取感染青霉的橘皮表皮的丝状体，用 5%KOH 溶液制成临时装片，观察青霉菌丝体的颜色和分枝情况，加一滴番红染液，注意观察菌丝有无横隔，同时观察扫帚状分生孢子梗的多回分枝方式和成串的分生孢子（图 3-9）。无性繁殖时，青霉菌丝上生有长而直立的分生孢子梗，梗的顶端多次分枝，呈扫帚状，末级分枝为分生孢子小梗，其顶端产生多个绿色成串的分生孢子，飞散萌发后形成新的菌丝体。

（3）曲霉属（*Aspergillus*）：取曲霉永久制片，观察其菌丝体、分生孢子梗、头状孢囊及其呈放射状排列的小梗，每小梗顶端的串状分生孢子（图 3-10），与青霉比较有何异同。

图 3-9 青霉

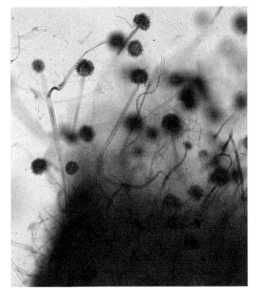

图 3-10 曲霉

4. 担子菌亚门

（1）银耳属（*Tremella*）：用镊子取事先浸泡的银耳子实体小块，放于载玻片上，滴一滴 5%KOH 溶液，用镊子捣碎，充分铺散开，加盖玻片，在显微镜下观察银耳的纵隔担子和锁状联合。

（2）木耳属（*Auricularia*）：采用与银耳同样的方式处理木耳子实体，在显微镜下观察横隔担子和锁状联合。

（3）蘑菇属（*Agaricus*）：取蘑菇成熟的子实体观察，辨别是否具有菌盖、菌褶、菌肉、菌幕、菌环、菌柄、菌索各部分。用手纵向掰开菌盖，观察菌肉的颜色及菌盖下面呈放射状的菌褶。用镊子撕取一小块菌肉放于载玻片上，滴一滴 5%KOH 溶液，用镊子充分捣碎，于显微镜下观察菌丝有无分隔及锁状联合。取蘑菇经菌褶横切永久制片，观察菌褶结构，中央部分为长管形细胞组成的髓部，其两侧为子实层，由担子、隔丝和担孢子组成，注意观察每个担子上着生的担孢子数量（图 3-11）。

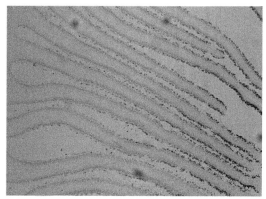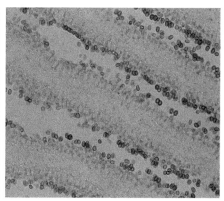

图 3-11　蘑菇菌褶

（二）地衣门代表种类观察

取地衣标本观察地衣体的 3 种类型。壳状地衣原植体的菌丝深入基质并与基质紧贴在一起，难以与基质分开；叶状地衣原植体呈扁平状，有背、腹之分，以假根或脐固着于基质上，易于采下；枝状地衣原植体直立呈枝状、丝状或悬垂分枝状。

取同层地衣和异层地衣叶状体横切片，在显微镜下观察。从异层地衣切片可观察到，地衣叶状体有上、下两层表皮，即上皮层和下皮层，由菌丝紧密交织而成；上皮层下可见许多颗粒状藻类细胞组成的藻胞层；藻胞层与下皮层之间为菌丝组成的髓层，菌丝疏松排列（图 3-12）。同层地衣切片可观察到地衣叶状体无藻胞层和髓层的分化，共生藻分散在菌丝和胶质衬质中。

另取地衣经孢囊杯横切永久制片，观察地衣共生体上由子囊菌所产生的子

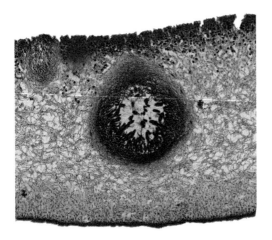

图 3-12　异层地衣

囊盘，先在低倍物镜下观察子囊盘所在地衣叶状体的位置，如何产生，再换高倍物镜仔细观察子实层，辨认子囊、子囊孢子和侧丝（图 3-12）。

四、课堂作业

1. 绘黑根霉无性生殖结构图，示匍匐菌丝、假根、孢子囊梗、孢子囊、囊轴和孢囊孢子。

2. 绘蘑菇菌褶切面观，示子实层基、担子、隔丝和担孢子。

3. 绘异层地衣横切图，示上皮层、藻胞层、髓层、下皮层、子囊盘、子囊、子囊孢子和侧丝。

五、思考题

1. 鞭毛菌亚门、接合菌亚门、子囊菌亚门和担子菌亚门在菌丝体、细胞结构和生殖方式上有何区别？

2. 子囊果由哪几部分组成？其主要类型有几种？有何区别？

3. 以蘑菇为例，说明担子菌亚门的生活史。

4. 试述地衣门的主要特征。如何区分地衣的 3 种生长类型？

5. 以异层地衣为例，试述地衣的基本结构，并说明地衣体中藻类与真菌的关系。

实验十一　苔藓植物

一、目的和要求

1. 通过观察代表种类，掌握苔藓植物门的主要特征。

2. 明确苔纲和藓纲的主要区别及其代表种类的生活史。

3. 比较苔藓与藻类主要异同点，认识苔藓植物在植物界中的进化地位。

二、实验用品

1. 植物材料：地钱和葫芦藓新鲜采集的植株；地钱雄生殖托纵切片、雌生殖托纵切片、孢子体纵切片；葫芦藓雄枝纵切片、雌枝纵切片、孢蒴纵切片。

2. 器具：显微镜、放大镜、解剖针、镊子、吸管、载玻片、盖玻片、培养皿、吸水纸。

三、实验内容和方法

苔藓植物一般很小，肉眼几乎不能辨认，大的也不过几十厘米。配子体无真正的根，有茎叶分化，称为茎叶体植物。一些表皮细胞突起物形成的假根完成吸收水分和无机盐及固着植物体的功能。繁殖器官为多细胞，有胚形成。孢子体不发达，配子体占优势，孢子体寄生于配子体上。苔藓植物主要分布于阴湿土壤，根据形态和结构不同分为苔纲和藓纲两个纲。

1. 苔纲（Hepaticae）代表植物观察

地钱（*Marchantia polymorpha*）是常见苔纲植物，多生于阴湿土壤上，田园、墙角、沟边等处均可采到。取地钱新鲜标本观察，可见植物体（配子体）呈二叉状分枝的叶状体，有背腹面之分，背地的一面为背面，用放大镜可观察到表面有许多菱形的网纹，贴地的一面为腹面，其上有假根和鳞片，可固着和保水。在生长季节采集的地钱标本，其叶状体背面多在分叉之脉处，形成小杯状物，为胞芽杯，其内产生胞芽，可进行营养繁殖。地钱雌雄异株，有性生殖时，可在雌、雄配子体的背面分叉处向上分别产生雄生殖托和雌生殖托，有明显托柄。雌生殖托的托盘裂片很深，呈发射状；雄生殖托的托盘呈盘状，边缘有缺刻，中间低、四周高，表面有许多小孔，是精子器腔的开口。

取地钱雌生殖托纵切片（图 3-13A），低倍物镜下观察可见生殖托背面有 8～10 条指状芒线，其下方近中央处，指状芒线之间倒挂着几个长颈瓶状颈卵器，外围常有两层包被，内层为假蒴萼，外层为 2 个膜片状蒴苞；高倍物镜观察颈卵器，可见颈部外面围有一层颈壁细胞，其内有一列颈沟细胞，腹部有一卵细胞（或合子），颈沟细胞与卵细胞之间有一个腹沟细胞（受精时腹沟细胞和颈沟细胞消失）。以同样方式观察地钱雄生殖托纵切片（图 3-13B），可见许多球拍状精子器着生在雄生殖托盘的腔内，精子器外壁由一层薄壁细胞组成，其内有多数精细胞。精细胞、卵细胞借助于水结合为合子，经胚发育阶段后成为孢子体。高倍物镜下观察地钱孢子体纵切片，可见孢子体寄生于雌生殖托托盘下方，由基足、蒴柄和孢蒴 3 部分组成，仔细观察孢蒴中的孢子和弹丝的外形和大小。同时注意观察地钱孢子体外的 3 层保护结构：颈卵器壁、假蒴萼和蒴苞（图 3-13C）。

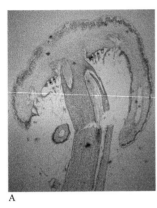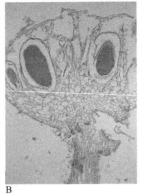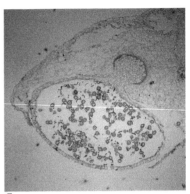

A　　　　　　　　　　B　　　　　　　　　　C

图 3-13　地钱

A. 雌生殖托纵切图；B. 雄生殖托纵切图；C. 孢子体纵切图

2. 藓纲（Musci）代表植物观察

葫芦藓（*Funaria hygrometrica*）是藓纲常见的小型土生藓类，分布广，通常生长在有机质丰富、含氮较多的湿土上，常见于田园、庭院和路边。取葫芦藓新鲜标本观察，可见其植株矮小，有分枝，"叶"螺旋状密生在细而短的"茎"上，"茎"下方有假根。"茎"顶端为孢子体，由膨大的孢蒴、细长的蒴柄和基足组成。孢蒴顶端有蒴帽，成熟时蒴帽脱落，基足伸入"茎轴"内部。

葫芦藓雌雄同株，但异枝。雄枝顶端的叶为雄苞叶，形似开放的花，内含很多精子器和隔丝，用解剖针和镊子剥去外面的苞叶，可见黄褐色棒状精子器。取葫芦藓雄枝纵切片在显微镜下观察，可见精子器外有一层细胞组成的精子器壁，内含多数精子，精子器之间有多数丝状隔丝，其基部细长，向上逐渐膨大，顶端圆球形，内含叶绿体（图 3-14A）。雌枝顶端的苞叶紧密排列，形似一个顶芽，用解剖针和镊子剥去外面的苞叶，可见数个直立的褐色瓶状颈卵器，颈卵器之间夹杂有隔丝。取葫芦藓雌枝纵切片在显微镜下观察，可见颈卵器为长颈烧瓶状，基部膨大部分为腹部，上端为颈部，腹部下半部常由多层细胞组成，上部和颈部由单层细胞组成，腹部内含 1 枚卵细胞，颈壁内有一列颈沟细胞，卵细胞和颈沟细胞之间有一个腹沟细胞（图 3-14B）。

雌雄生殖器官成熟后，精子器顶端开口，精子溢出，借水游至颈卵器内，与卵细胞结合形成合子。合子在颈卵器内发育成胚，胚继续生长，突破颈卵器腹壁，长成孢子体。取葫芦藓孢蒴纵切片，详细观察其结构，区分蒴盖、蒴壶和蒴台三部分，重点观察蒴壶的结构，辨认表皮、蒴壁、蒴轴、气室、造孢组织等部分（图 3-14C）。

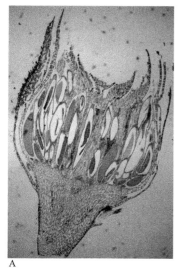
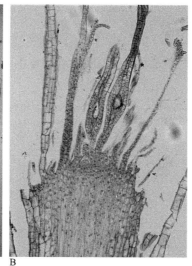

A   B   C

图 3-14　葫芦藓

A. 雄枝纵切图；B. 雌枝纵切图；C. 孢蒴纵切图

四、课堂作业

1. 绘地钱孢子体切面观，示基足、蒴柄、孢蒴（孢子和弹丝）、颈卵器壁、假蒴萼。

2. 绘葫芦藓雄枝和雌枝纵切面观，示精子器、颈卵器和侧丝。

五、思考题

1. 归纳苔藓植物主要识别特征。

2. 以葫芦藓为例说明苔藓植物的生活史类型。

3. 地钱假根和葫芦藓假根有何不同？

4. 通过观察代表植物，总结苔纲和藓纲的主要区别。

5. 苔藓植物有哪些适应陆生生活的特征？

实验十二　蕨类植物

一、目的和要求

1. 通过代表种类观察，掌握蕨类植物主要特征和生活史特点。

2. 与藻类和苔藓植物进行比较，了解蕨类植物在植物界的进化地位。

二、实验用品

1. 植物材料：木贼、节节草、问荆、草问荆和蕨的腊叶标本；蕨根状茎横切、蕨原叶体、蕨孢子叶经孢子囊横切的永久制片。

2. 器具：显微镜、解剖镜、放大镜、解剖针、镊子等。

三、实验内容和方法

蕨类植物（Pteridphyta）是进化水平最高的一类孢子植物，有根、茎、叶分化，是最原始的维管植物。配子体和孢子体都能独立生活，孢子体发达，产生孢子囊和孢子；配子体为具有背腹面之分的小型绿色叶状体，产生颈卵器和精子器。蕨类植物主要以孢子进行繁殖，有明显的世代交替，无性世代占优势。蕨类植物分为松叶蕨亚门、石松亚门、水韭亚门、楔叶亚门和真蕨亚门，其中，前四个亚门称为小叶蕨类，真蕨亚门称为大叶蕨类。

1. 小叶蕨类代表种类观察

木贼属（*Equisetum*）植物多生于潮湿的林缘、湿草地、山地、河边及荒地。取木贼（*E. hyemale*）、节节草（*E. ramosissimum*）、问荆（*E. arvense*）和草问荆（*E. pratense*）的腊叶标本，观察营养枝和生殖枝，仔细比较茎的质地、粗细，是否分枝及分枝数目和形状，分枝与主茎的夹角，主茎上是否有硅质小刺，以及叶鞘的长度、颜色和鞘齿数量。

取上述任一种类腊叶标本上的孢子囊穗，观察其外形，可见其由许多特化的六角形孢子叶聚生在一起。辨认单个孢子叶，然后用镊子小心从孢子囊穗的轴部取下一个孢子叶，在解剖镜下观察，可见孢子叶由六角形盾状盘状体和其下部的孢子叶柄组成，盘状体下部生有 5～10 枚长筒形孢子囊。成熟时，囊内有许多孢子，用解剖针捅破孢子囊，在显微镜下观察孢子的形状和壁的层次。

2. 大叶蕨类代表种类观察

蕨（*Pteridium aquilinum* var. *latiusculum*）属真蕨亚门蕨科，多生于山地林下或林缘等处。取蕨腊叶标本观察，可见其孢子体具有根、茎、叶分化，根状茎横走，二叉状分枝，被棕色绒毛，上有不定根，向上生出叶，无地上茎；叶柄长，大型，3～4 回羽状复叶，叶缘反卷，形成假囊群盖，孢子囊棕黄色，生于反卷的叶缘内，形成连续的孢子囊群。

取蕨原叶体（配子体）永久制片，在显微镜下观察，可见其体形似心形，由薄壁细胞组成，含叶绿体，腹面（向地面）生有多数单细胞的假根、精子器和颈卵器。颈卵器一般生于原叶体凹处及附近，腹部埋于原叶体中，颈部露出 3～5 个细胞高度；精子器多生于凹入口中后方，球形，突出原叶体表面，一层壁，内含多数精子（图 3-15）。

　　取蕨根状茎横切片在显微镜下观察，从外向内，依次可见表皮、皮层和维管束，皮层外层为厚壁细胞，其余为薄壁细胞，维管束呈间断的两环排列，外侧为韧皮部，内侧为木质部。

　　取蕨孢子叶经孢子囊横切永久制片在显微镜下观察，辨认孢子叶上表皮、叶肉组织、下表皮、囊托、囊柄、孢子囊、孢子、环带、囊群盖、假囊群盖。蕨孢子叶下表皮生有多细胞的球形突起，为囊托。囊托上着生多数孢子囊柄，柄的顶端

图 3-15　蕨原叶体

生孢子囊，孢子囊外覆有囊群盖，中部较厚，细胞较大，边缘较薄。将孢子囊部分置于高倍物镜下观察，可见囊壁由单细胞组成，囊壁上有一条纵向排列五面加厚的环带，其中有少数几个不加厚的薄壁细胞，为孢子囊开裂散发处，称为唇细胞（图 3-16）。

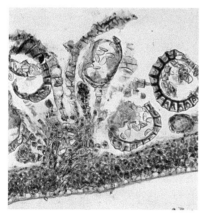
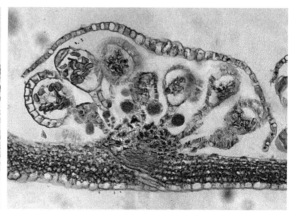

图 3-16　蕨孢子叶经孢子囊横切图

四、课堂作业

　　1. 绘问荆一个孢子囊穗侧面观图，示孢子囊、盘状体和孢子叶柄。

　　2. 绘蕨孢子叶经孢子囊横切图，示孢子叶、囊群盖、囊托、囊柄、孢子囊、环带。

　　3. 绘蕨原叶体的腹面观，示假根、精子器和颈卵器。

五、思考题

1. 以蕨为例，简述蕨类植物的生活史。
2. 蕨孢子囊的结构对于孢子散布有何适应性特征？
3. 蕨类植物在适应陆生环境方面有哪些特征优于苔藓植物？

实验十三　裸子植物

一、目的和要求

1. 通过观察代表种类，掌握裸子植物的主要特征。
2. 掌握裸子植物的生殖结构和生活史。
3. 熟悉裸子植物分类依据，能够识别常见裸子植物种类。

二、实验用品

1. 植物材料：苏铁、银杏、雪松、油松、白皮松、华山松、黑松、云杉、柳杉、水杉、侧柏、圆柏、刺柏、红豆杉和草麻黄的新鲜材料或腊叶标本；油松成熟球果和种子、银杏种子；油松雄球花和雌球花纵切、油松花粉制片、油松胚胎纵切。

2. 器具：显微镜、解剖镜、放大镜、双面刀片、解剖针、镊子、载玻片、盖玻片等。

三、实验内容和方法

裸子植物均为木本，茎有形成层和次生结构，木质部只有管胞而无导管和木纤维，韧皮部有筛胞而无筛管和伴胞，植物体高大。生殖器官多细胞。胚珠和种子裸露，孢子体发达，配子体十分简化，寄生于孢子体上。裸子植物适宜于陆生环境，耐干旱，分布较广，分为苏铁纲、银杏纲、松柏纲、红豆杉纲和买麻藤纲。

1. 苏铁纲代表种类观察

苏铁（*Cycas revoluta*）为常见栽培常绿乔木，茎干粗壮不分枝，顶端簇生大型羽状深裂的复叶。雌雄异株，小孢子叶球圆柱形，生于茎顶，许多鳞片状小孢子叶螺旋状排列于小孢子叶轴上，每片小孢子叶背面（远轴面）密生许多由3～5个小孢子囊组成的小孢子囊群；大孢子叶丛生于茎顶，羽状分裂，密被黄褐色绒毛，腹面（近轴面）生有 2～6 个胚珠。考虑到新鲜材料和标本不易获得，学生可利用课外时间在老师带领下观察苏铁的植株特性、大孢子叶在轴上的排列方式、形状和胚珠着生位置以及小孢子叶在轴上的排列方式和小孢子囊的位置。

2. 银杏纲代表种类观察

银杏（*Ginkgo biloba*）为常见栽培的落叶大乔木，著名的孑遗植物。叶扇形，二叉状，叶在长枝上螺旋状着生，在短枝上簇生。雌雄异株，小孢子叶球（雄球花）柔荑花序状，每个小孢子叶具短柄，柄端具两个小孢子囊；大孢子叶球（雌球花）具一长柄，柄端有两个环形大孢子叶（珠领），其顶端各生一个直生胚珠。种子核果状。取银杏新鲜标本和腊叶标本，观察银杏叶的形状，区分长枝和短枝，注意小孢子叶和大孢子叶的外形。将银杏种子纵剖，辨别肉质的外种皮、骨质的中种皮、纸质的内种皮以及胚和胚乳。

3. 松杉纲代表种类观察

1）外部形态观察　取雪松（*Cedrus deodara*）、油松（*Pinus tabulaeformis*）、白皮松（*Pinus bungeana*）、华山松（*Pinus armandii*）、黑松（*Pinus thunbergii*）、云杉（*Picea asperata*）、柳杉（*Cryptomeria fortunei*）、水杉（*Metasequoia glyptostroboides*）、侧柏（*Platycladus orientalis*）、圆柏（*Sabina chinensis*）、刺柏（*Juniperus formosana*）等的新鲜材料或腊叶标本，观察枝条是否有长、短枝之分，叶的形状（针形、刺形、鳞形叶、条形、钻形、披针形），叶在枝条上的排列方式（簇生、螺旋状排列、交互对生、轮生），雌、雄球花是同株或异株，雌、雄球花的形状、数目、颜色及其在枝条上着生位置等。

2）生殖器官结构观察（以油松为例）　取采集的油松新鲜标本，观察雄球花的外形，用镊子取一片小孢子叶，在解剖镜下观察小孢子叶的形状及其背面小孢子囊（花粉囊）的形状、大小和颜色。将小孢子囊放于载玻片上，用解剖针捅破，使花粉粒散出，盖上盖玻片，在高倍物镜下观察成熟花粉粒的形态和结构，分辨花粉粒的壁、气囊和退化的第一和第二原叶细胞、生殖细胞和管细胞。也可用显微镜直接观察油松雄球花纵切永久制片（图 3-17）和花粉的永久制片。

从油松新鲜采集的标本上取一个雌球花，先观察其外形，然后将雌球花纵切，用放大镜或解剖镜观察，辨别珠鳞和苞鳞，注意两者是否分离，胚珠着生在珠鳞背面还是腹面。另取油松雌球花纵切片，在显微镜下观察珠鳞、苞鳞、珠被、珠孔、珠心、雌配子体、颈卵器等结构（图 3-17）。

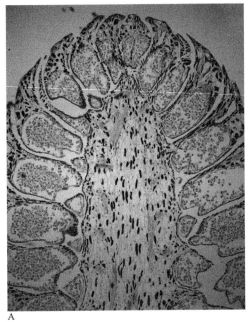
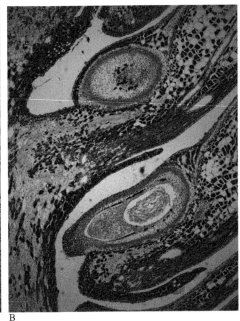

图 3-17　油松雄球花纵切（A）和雌球花纵切（B）

取油松球果标本，观察种鳞和苞鳞是否分离，其与雌球花中的珠鳞和苞鳞有何不同，每个种鳞近轴面有几粒种子，种子是否具翅。用双面刀片纵剖种子，区分种皮、胚和胚乳。

4. 红豆杉纲代表种类观察

红豆杉（*Taxus chinensis*）为我国特有种，孑遗植物，常绿乔木，多分枝，叶条形，螺旋状着生，基部扭转排成两列，下面有气孔带。雌雄异株，球花单生叶腋。雄球花圆球形，有梗；雌球花几无梗，上端 2～3 对苞片交叉对生。成熟种子核果状，生于肉质的杯状假种皮中。取红豆杉腊叶标本，观察叶的形状、叶在枝条上的排列方式；用放大镜或解剖镜仔细观察叶背面气孔带的形状及颜色；观察红豆杉的种子，思考红色肉质的假种皮由哪一部分发育而来。

5. 买麻藤纲代表种类观察

草麻黄（*Ephedra sinica*）为草本状灌木，适应性强，生物碱含量丰富。取草麻黄腊叶标本，仔细观察茎及分枝、叶裂片形状和数目及叶鞘颜色。用镊子取草麻黄雄球花序和雌球花序，在解剖镜下仔细观察，可见雄球花序有 4 对交互对生的苞片，除基部 1～2 对苞片外，其余苞片腋部均有 1 朵雄花，每朵雄花具有盖被；雌球花序同样有 4 对交互对生的苞片，顶部 1 对苞片合生，内含 2 朵雌花，

每朵雌花具顶端开口的囊状革质盖被，其他 3 对苞片为肉质红色。

四、课堂作业

1. 列表比较实验材料所列裸子植物种类的树皮开裂方式、枝条类型、叶形、叶在枝条上的着生方式及大小孢子叶形状。

2. 绘松属大孢子叶球纵切片的一部分，示珠鳞、苞鳞、珠心、珠被和雌配子体。

五、思考题

1. 为什么裸子植物比蕨类植物更适应陆生环境？

2. 以油松为例，说明裸子植物的生活史。

3. 草麻黄雄、雌球花在结构上表现出哪些进化特征？

4. 如何区别松科、柏科和杉科？

实验十四　被子植物分科（一）双子叶植物

一、目的和要求

1. 掌握木兰科、毛茛科、蓼科、十字花科、蔷薇科、豆科、葫芦科、伞形科、唇形科、玄参科、菊科的主要识别特征。

2. 识别以上各科主要常见植物。

二、实验用品

1. 植物材料：玉兰、鹅掌楸、紫玉兰、华中五味子；牡丹、芍药、毛茛、茴茴蒜、石龙芮；酸模叶蓼、萹蓄、齿果酸模、荞麦；油菜、萝卜、播娘蒿、荠；麻叶绣线菊、野蔷薇、月季花、草莓、桃、苹果、梨等；合欢、紫荆、皂荚、刺槐、蚕豆等；黄瓜、南瓜、葫芦等；野胡萝卜、芫荽、窃衣、胡萝卜、芹菜、茴香；夏至草、益母草、夏枯草、薄荷等；地黄、毛泡桐、婆婆纳、通泉草等；向日葵、蒲公英、刺儿菜、阿尔泰狗娃花、野菊、菊花、牛蒡、茵陈蒿、艾、莴苣、中华苦荬菜、一年蓬、小花鬼针草、苦苣菜等。

2. 器具：解剖镜、放大镜、解剖针、镊子、双面刀片等。

三、实验内容和方法

（一）木兰科（Magnoliaceae）

1. 花程式

$* P_{6\sim15} A_\infty \underline{G}_{\infty:\infty:1\sim2}$

2. 识别特征

木本。叶互生，环状托叶痕。花被无分化；花托柱状；雌蕊和雄蕊分离，多数，螺旋状排列。聚合蓇葖果。木兰科植物举例见图3-18。

图 3-18　木兰科植物

A、B. 玉兰；C. 鹅掌楸；D. 紫玉兰；E. 华中五味子

3. 代表植物

玉兰（*Magnolia denudata*）：落叶乔木。注意观察幼枝叶基部的环状托叶痕，枝端幼芽被托叶所包裹，当幼芽生长、幼叶张开时，托叶立即脱落，在枝上留下环状痕迹。单叶互生，花单生于枝条顶端，两性花，大而显著，先叶开放。花被白色，共9枚，排成3轮。注意观察雌蕊和雄蕊的数目及排列情况。

4. 常见植物

（1）紫玉兰（*Magnolia liliflora*，辛夷、木笔、木兰）：落叶灌木，常丛生，小枝紫褐色。花芽顶生，卵形，上部急尖，略呈葫芦形，密被灰黑色或深绿色短绒毛。叶椭圆状倒卵形或椭圆状卵形，长 8 ~ 18cm，宽 3 ~ 7cm，先端短尖或渐尖，基部楔形，下面沿叶脉被毛；叶柄有托叶痕。外轮花被萼片状，3 枚，披针形，黄绿色；花瓣 6 枚，外面紫红色，内面白色。聚合蓇葖果。

（2）鹅掌楸（*Liriodendron chinense*，马褂木）：落叶乔木，树皮纵裂，灰色，小枝灰色或褐色，枝、叶无毛。叶长 4 ~ 18cm，两侧各具一裂片，形似马褂，下面有白粉或具乳头状突起，外轮花被萼片状，3 枚，花瓣 6 枚，淡黄绿色。聚合蓇葖果纺锤形，有翅，果翅先端钝或钝尖。

（3）华中五味子（*Schisandra sphenanthera*，五味子）：藤本，芽鳞较大，常宿存。叶倒卵形或倒卵状长圆形。花单性同株，单生于叶腋；花被片 6 ~ 9，雄蕊 10 ~ 15 枚，花丝短；心皮多数，离生，螺旋状排列在花托上。果时花托延长，聚合果穗状，下垂。

（二）毛茛科（Ranunculaceae）

1. 花程式

$*, \uparrow K_{5 \sim \infty} C_{5 \sim \infty} A_\infty \underline{G}_{\infty;\infty;\infty \sim 1}$

2. 识别特征

草本。单叶分裂或羽状复叶，无托叶。萼片、花瓣各 5 枚或无花瓣而萼片花瓣状，雌蕊和雄蕊多数，螺旋排列于圆柱状花托上。蓇葖果或瘦果，毛茛科植物举例见图 3-19。

图 3-19　毛茛科植物
A. 毛茛；B. 茴茴蒜；C. 牡丹；D. 芍药

3. 代表植物

毛茛（*Ranunculus japonicus*）：多年生草本。茎直立，多分枝，注意观察茎和分枝上的平贴柔毛。基生叶柄长达 20cm，基部扩大，微抱茎；注意观察叶片轮廓略呈五角形或肾形，3 深裂，基部心形，中裂片倒卵状楔形，侧裂片 2 浅裂，边缘具缺刻状锯齿，两面被平贴短硬毛；茎生叶有短柄或无柄，3 深裂、全裂或不裂，具缺刻状锯齿或全缘，两面被平贴毛。花数朵排列于腋生小枝顶端；萼片长圆状卵形，中央被长硬毛；花瓣黄色，有光泽，倒卵形，基部具 1 片鳞片状蜜腺；注意观察雄蕊、雌蕊和花托特点。瘦果倒卵圆形，膨胀，先端喙很短，多数聚集成球状果穗。

毛茛与常见种石龙芮（*R.sceleratus*）和茴茴蒜（*R.chinensis*）的区别在于毛茛为多年生草本，花托无毛；石龙芮和茴茴蒜为一年生草本，石龙芮花托被疏毛，瘦果歪倒卵形，膨胀；茴茴蒜花托密被白色柔毛，瘦果卵圆形。

4. 常见植物

（1）牡丹（*Paeonia suffruticosa*）：落叶小灌木。根肉质，茎直立，多分枝。叶互生，二回三出复叶，枝上部常为单叶，小叶片有披针、卵圆、椭圆等形状，顶生小叶常为 2 ～ 3 裂；花单生当年枝顶，两性，花大色艳，形美多姿；花色多样；雄、雌蕊多数，常有瓣化现象，心皮 5 枚，少有 8 枚，边缘胎座，多数胚珠。聚合蓇葖果。

（2）芍药（*Paeonia lactiflora*）：多年生宿根草本。根肉质，粗壮。叶互生，二回三出复叶，枝上部常为单叶。花数朵生于茎顶或叶腋，花美丽、大型，单瓣或重瓣，色泽艳丽，雄蕊多数，心皮 3 ～ 5 枚。聚合蓇葖果。

（三）蓼科（Polygonaceae）

1. 花程式

$* K_{3 \sim 6} C_0 A_{6 \sim 9} \underline{G}_{(2 \sim 4 : 1 : 1)}$

2. 识别特征

常为草本，茎节膨大。单叶互生，有明显膜质托叶鞘。单被花，花被花瓣状，宿存。瘦果，三棱形或两面突起。蓼科植物举例见图 3-20。

3. 代表植物

酸模叶蓼（*Polygonum lapathifolium*）：一年生草本。叶柄有短刺毛，托叶鞘呈筒状，膜质。圆锥花序，花萼 4 裂片，淡红色或白色；雄蕊 6 枚，雌蕊由 2 心皮构成，花柱 2。瘦果卵形。

A   B   C

图 3-20 蓼科植物

A. 酸模叶蓼；B. 荞麦；C. 萹蓄

4. 常见植物

（1）齿果酸模（*Rumex dentatus*）：草本。叶鞘膜质。圆锥花序顶生；花被片黄绿色。瘦果被卵形宿存内轮花被片，有 3～4 对不规则针状牙齿，背部有疣状瘤，瘦果卵状三棱形，有尖锐角棱。

（2）荞麦（*Fagopyrum esculentum*）：草本。茎直立分枝，红色。托叶鞘三角形。总状花序腋生或顶生；花被淡粉红色或白色。瘦果超出花被 1～2 倍，三棱形。栽培作物。

（3）萹蓄（*Polygonum aviculare*）：一年生草本，植株小型。单叶互生，托叶鞘状抱茎。花生叶腋，花被片 5 枚，无花瓣，白绿色稍红色，雄蕊 8 枚，花丝短，雌蕊由 3 心皮构成。瘦果三棱形，外包宿存花萼。

（四）十字花科（Cruciferae）

1. 花程式

$* K_4 C_4 A_{4+2} \underline{G}_{(2:1:1～∞)}$

2. 识别特征

草本。基生叶莲座状，茎生叶互生。花两性，萼片、花瓣各 4 枚，十字形花冠；四强雄蕊 6 枚，雌蕊由 2 心皮组成，有假隔膜，子房上位，侧膜胎座。角果。十字花科植物举例见图 3-21。

图 3-21　十字花科植物

A. 油菜；B. 萝卜；C. 荠；D. 播娘蒿

3. 代表植物

油菜（*Brassica campests*）：基生叶莲座状，具柄，茎生叶抱茎互生。总状花序组成圆锥花序。取一朵油菜花从外至内观察，看到萼片和花瓣各 4 枚，十字形排列，花瓣黄色，有长爪，四强雄蕊 6 枚，排成两轮，注意内外轮的数目。花托基部有 4 个蜜腺，与萼片对生，中央为 1 枚圆柱状雌蕊，用刀片横切子房，观察其心皮数目、胎座类型、假隔膜。

4. 常见植物

（1）萝卜（*Raphanus sativus*）：花淡紫白色，长角果不裂。肉质直根发达，为重要蔬菜。

（2）荠（*Capsella bursa-pastoris*）：叶互生，长圆披针形，羽状分裂。总状花序，花白色，子房三角状倒卵形。短角果，每室多枚种子。嫩苗叶可作蔬菜。

（3）播娘蒿（*Descurainia sophia*）：茎被星状毛。叶羽状全裂，裂片狭。花小黄色，花柱缺。长角果细长，种子有网纹。播娘蒿为麦田主要杂草之一。

（五）蔷薇科（Rosaceae）

1. 花程式

$* K_{(5)} C_{5,0} A_{5 \sim \infty} \underline{G}_{\infty:1 \sim \infty, (1:1:1)}; \overline{G}_{(2 \sim 5:2 \sim 5:1 \sim 2)}$

2. 识别特征

乔木、灌木或草本。叶互生，多具托叶。花 5 数，具杯状、盘状或壶状花托（萼筒）；蔷薇花冠，雄蕊多数，轮生，心皮多数至 1 个。蓇葖果、瘦果、梨果、核果，稀蒴果。蔷薇科植物举例见图 3-22。

图 3-22　蔷薇科植物
A. 麻叶绣线菊；B. 野蔷薇；C. 桃；D. 苹果

3. 代表植物

根据子房位置、心皮数目和果实类型不同，蔷薇科可分为 4 个亚科。

（1）绣线菊亚科（Spiraeoideae）：常无托叶。子房上位，心皮 5 枚，每心皮有 2 至多数胚珠。蓇葖果。

麻叶绣线菊（*Spiraea cantoniesis*）：枝条无毛。叶菱状椭圆形，边缘有规则缺刻或锯齿。花白色，伞房花序。解剖一朵花观察，其花托浅盘状，花冠整齐，雄蕊多数，心皮 5 个分离，组成 5 个直立的单雌蕊。聚合蓇葖果，成熟时沿腹缝线开裂。

（2）蔷薇亚科（Rosoideae）：有托叶。子房上位，心皮多数离生，花托突起或下陷，每心皮有 1～2 个胚珠。聚合瘦果。

野蔷薇（*Rosa muliflora*，多花蔷薇）：灌木。茎细长，有皮刺。奇数羽状复叶，托叶两枚与叶柄基部愈合。花红色或白色，伞房圆锥花序。取一朵花观察，外轮 5 枚萼片，有时可再分离成数片；花瓣先端凹入，有时因部分雄蕊变成花瓣，而出现重瓣；雄蕊多数着生花托边缘，花丝内曲。取刀片纵剖花部，观其花托形状，注意子房位置。瘦果与肥大花托合称蔷薇果。

（3）李亚科（Prunoideae）：有托叶。子房上位，心皮常 1 个，生于凹陷花托上，子房上位，胚珠 1～2 个。核果。

桃（*Prunus persica*）：木本。叶长椭圆状披针形，叶柄顶端与叶片之间有腺体，托叶早落。花淡红色，顶生或侧生叶芽两侧；萼片、花瓣各 5 数；雄蕊多数，雌蕊由 1 心皮构成，子房上位。核果。

（4）苹果亚科（Maloideae）：有托叶。子房下位，心皮 2～5 个，子房下陷与瓶状花托内壁愈合，中轴胎座，每室有 1～2 个胚珠。梨果。

苹果（*Malus pumila*）：幼枝和叶密被短柔毛，单叶互生，卵形，有托叶。伞房花序，花白色至淡红色，5 基数，雄蕊多数，雌蕊由 5 心皮组成。子房与花托愈合，柱头分离。用刀片纵剖花，注意观察子房下陷瓶状花托内，并与之愈合成下位子房。另取一朵花作横剖面，注意观察 5 个心皮联合成 5 个子房室，每室有 1～2 个胚珠，判断胎座类型。梨果，不具石细胞。

4. 常见植物

（1）蛇莓（*Duchensnea indica*）：匍匐草本。羽状 3 小叶。花黄色，副萼片有锯齿或浅裂。聚合果直立。

（2）草莓（*Fragaria ananassa*）：匍匐草本。羽状 3 小叶。花白色。聚合果下垂。

（3）委陵菜（*Potentilla chinensis*）：多年生草本。基生叶密集，羽状复叶，背面有白绒毛，边缘向后反卷。花黄色，呈歧伞状。

（4）珍珠梅（*Sorbaria sorbifolia*）：灌木。羽状复叶，小叶无毛。圆锥花序，花白色，雄蕊长于花瓣 1 倍。蓇葖果。

（5）贴梗木瓜（*Chaenomeles lagenaria*，贴梗海棠）：灌木，有刺。单叶卵形至长圆形。花单生或簇生，红色，梗极短。

（6）龙芽草（*Agrimonia pilosa*）：草本，全体有毛，奇数羽状复叶。穗形总状花序，萼裂片基部多钩状毛，雄蕊 12 枚。瘦果宿存萼内。

（7）日本樱花（*Prunus yedoensis*）：乔木，树皮暗灰色。单叶椭圆状卵形至倒卵形。总状花序，花白色至粉红色。果实球形，黑色。

（8）月季花（*Rosa chinensis*）：常绿或半常绿灌木，有或无弯曲皮刺。奇数羽状复叶，小叶 3 ～ 5 枚（稀 7 枚），表面有光泽；托叶边缘有睫毛状腺毛，基部与叶柄合生。花柱离生，长约雄蕊之半，显著伸出花托筒口之外。

（9）玫瑰（*Rosa rugosa*）：落叶灌木。小枝密被细长、微拱曲或直立皮刺。奇数羽状复叶，小叶 5 ～ 9 枚，表面有皱纹；托叶边缘有细锯齿，大部分与叶柄合生。花柱离生，微伸出花托筒口。

（六）豆科（Leguminosae，Fabaceae）

1. 花程式

$*, \uparrow K_{5,(5)} C_5 A_{10,(9+1),(10),\infty} \underline{G}_{(1:1:\infty\sim1)}$

2. 识别特征

乔木、灌木或草本。叶互生，具托叶。花 5 数，蝶形、假蝶形或辐射对称花冠；雄蕊 10 枚，二体雄蕊、分离或雄蕊定数到多数；心皮 1 个，子房上位，边缘胎座。荚果。豆科植物举例见图 3-23。

图 3-23 豆科植物

A. 合欢；B. 紫荆；C. 刺槐；D. 草木犀

3. 代表植物

根据花冠、雄蕊等特征将豆科分为三个亚科。

（1）含羞草亚科（Mimosoideae）：木本，少草本。一回或二回羽状复叶。整齐花，花瓣镊合状排列；雄蕊不定数到定数。

合欢（*Albizzia julibrissin*）：乔木。二回羽状复叶，小叶镰刀形，入夜闭合。头状花序，花淡红色，整齐花，萼片花瓣各 5 个，基部联合，雄蕊多数，花丝很长，粉红色。荚果扁平不开裂。

（2）云实亚科（Caesalpinioideae）：木本。一回或二回羽状复叶，稀单叶。假蝶形花冠，雄蕊 10 枚，分离。

紫荆（*Cercis chinensis*）：小乔木或灌木。单叶，叶基心形。花紫红色，萼片 5 枚，基部联合，假蝶形花冠，雄蕊 10 枚，分离。荚果扁平。

（3）蝶形花亚科（Papilionoideae）：草本，少木本。多羽状复叶或羽状 3 小叶，有时有卷须。蝶形花冠，二体雄蕊、单体雄蕊或 10 枚分离，雌蕊花柱与子房成一定角度。

刺槐（*Robinia pseudoacacia*）：乔木。奇数羽状复叶，互生，有托叶刺。总状花序腋生，花白色，芳香。解剖一朵花观察，花萼钟形，有 5 裂片，蝶形花冠，最大一片为旗瓣，两侧的为翼瓣，里面两片稍联合的为龙骨瓣；雄蕊（9）＋1，子房上位，边缘胎座。荚果，成熟后黑褐色。

4. 常见植物

（1）皂荚（*Gleditsia sinensis*）：乔木，具枝刺。偶数羽状复叶，小叶 8 ～ 16 枚。花整齐，5 数。外果皮厚木质，可代肥皂用。

（2）蚕豆（*Vicia faba*）：草本，茎近方形。偶数羽状复叶。总状花序，旗瓣有黑紫色斑条纹，翼瓣有浓黑斑纹。

（3）大豆（*Glycine max*）：全株有毛，三出复叶。总状花序腋生，2 ～ 10 朵花。荚果密生硬毛。

（4）落花生（*Arachis hypogaea*）：偶数羽状复叶，小叶 4 枚。花黄色，单生叶腋或 2 朵簇生。荚果膨大，不开裂。

（5）草木犀（*Melilotus officinalis*）：小叶 3 个。花小，黄色。荚果倒卵形，1 个种子。

（6）豌豆（*Pisum sativum*）：一年生栽培作物。羽状复叶，有小叶 2 ～ 3 对，叶轴顶部有分枝卷须。花白色或紫色。荚果长椭圆形，种子黄褐色。

（7）槐（*Sophora japonica*）：落叶乔木。奇数羽状复叶。花黄白色，雄蕊 10 个，分离。荚果念珠状。

（8）绣球小冠花（*Coronilla varia*）：多年生草本，具匍匐根状茎。茎中空，羽状复叶。伞形花序或紧缩的总状花序，花白色、红色、紫色。荚果不裂。

（9）紫苜蓿（*Medicago sativa*）：主根发达，茎多分枝。花紫色。荚果螺旋形，有疏散毛。

（10）白车轴草（*Trifolium repens*）：匍匐茎节上生根、叶和花序。小叶3。花冠白色或略带粉红色。

（七）葫芦科（Cucurbitaceae）

1. 花程式

♂ * K $_{(5)}$ C $_{(5)}$A$_{1+（2）+（2）}$；♀ * K $_{(5)}$ C $_{(5)}$ eG$_{(3:1:∞)}$

2. 识别特征

草质藤本，具卷须，单叶互生。花单性，雌雄同株或少数异株；花5基数，雄蕊花丝或花药有时结合；下位子房，侧膜胎座。瓠果。葫芦科植物举例见图3-24。

图 3-24　葫芦科植物
A. 黄瓜；B. 苦瓜；C. 西瓜；D. 葫芦

3. 代表植物

黄瓜（*Cucumis sativus*）：一年生草质藤本，卷须不分枝。单叶互生，掌状裂。花单性，雌雄异株，单生叶腋；雄花萼片合生，有 5 个裂齿；合瓣花冠黄色，具 5 深裂；雄蕊 3 体，实为 5 枚，其中 4 枚两两合生，第 5 枚分离，花丝很短，着生于花冠筒上，花药连合并弯曲，又称聚药雄蕊，雄花中央为退化的雌蕊。雌花的花萼、花冠与雄花相同；花冠下面具刺状突起的绿色圆柱形部分为花托；子房包埋其中，下位子房，3 个心皮合生，侧膜胎座，心皮连接伸入子房中心，向外曲折，看似 6 室，实为一室子房，其上着生多数胚珠，雌蕊花柱短小，柱头很大并 3 裂。瓠果圆柱形，常有刺尖瘤状突起。

4. 常见植物

本科多为蔬菜或食用瓜类，如西瓜（*Citrullus lanatus*）、冬瓜（*Benincasa hispida*）、南瓜（*Cucurbita moschata*）、西葫芦（*C. pepo*）、甜瓜（*C. melo*）、苦瓜（*Momordica charantia*）、葫芦（*Lagenaria siceraria*）等。

（八）伞形科（Umbelliferae）

1. 花程式

$* , \uparrow K_{(5), 0} C_5 A_5 \overline{G}_{(2:2:1)}$

2. 识别特征

草本。茎常中空。叶互生，叶柄基部扩大成鞘状抱茎。伞形或复伞形花序，两性花，5 基数，子房下位。双悬果。伞形科植物举例见图 3-25。

3. 代表植物

野胡萝卜（*Daucus carota*）：二年生草本，根肉质。叶互生，2～3 回羽状全裂，叶柄基部扩大为鞘状抱茎，无托叶。复伞形花序顶生，基部有许多深裂的总苞片，各个单伞形花序的基部有许多条形小总苞片。注意观察，花序边缘花的外花瓣较大，因此是两侧对称，花序中央的花整齐。取一朵花观察，花萼 5 齿裂，极小；花瓣白色，5 枚，与萼互生；雄蕊 5，与花瓣互生；雌蕊位于中央，由 2 心皮组成；有两条花柱，基部膨大，形成花柱基；下位子房 2 室，每室一粒胚珠，着生于子房顶端。双悬果。

4. 常见植物

（1）芫荽（*Coriandrum sativum*）：植物体有特殊气味，茎细长，光滑。叶裂片卵形或条形。复伞形花序不具总苞。

（2）窃衣（*Torilis scabra*）：叶二回羽状分裂，裂片披针形。花白色，不具总苞。双悬果具刺，易附着人衣和动物体。

图 3-25　伞形科植物
A. 芫荽；B. 窃衣；C. 胡萝卜；D. 茴香

（3）胡萝卜（*Daucus carota* var. *sativa*）：其形态近似野胡萝卜，唯其根粗壮，肉质，作菜用。

（4）芹菜（*Apium graveolens*）：叶一至二回羽状全裂，裂片卵圆形。花绿白色，无总苞和小苞。果球形，无刺毛，作菜用。

（5）茴香（*Foeniculum vulgare*）：叶裂片丝状。花黄色，无总苞和小苞片。双悬果矩圆形。茎叶作蔬菜，果作调料。

（九）唇形科（Labiatae）

1. 花程式

$\uparrow K_{(4\sim5)} C_{(4\sim5)} A_{4,2} \underline{G}_{(2:4:1)}$

2. 识别特征

植株多含挥发油，茎 4 棱。叶对生。轮伞花序；花冠唇形，二强雄蕊，2 心皮合生，子房上位，常深裂为 4 室。4 个小坚果。唇形科植物举例见图 3-26。

图 3-26 唇形科植物
A. 夏至草；B. 益母草；C. 薄荷；D. 藿香

3. 代表植物

夏至草（*Lagopsis supina*）：多年生草本。茎直立，分枝甚多，枝方形。叶对生，基生叶圆形，茎生叶常 3 深裂。注意观察聚伞花序在节上对生形成轮伞花序，常具 6～14 朵小花；苞刺毛状，较萼短。取一朵花观察，花冠白色，2 唇形，上唇长圆形，下唇 3 裂，较上唇短；雄蕊 4 个 2 强，花丝短，着生于花冠中央；子房 4 深裂，花柱细，2 裂；雄蕊、花柱不伸出冠筒外。小坚果倒卵形。

4. 常见植物

（1）筋骨草（*Ajuga ciliata*）：茎绿色或紫红色，被白色柔毛。叶卵状椭圆形或狭椭圆形，被糙伏毛。轮伞花序于茎顶呈穗状；苞片大，卵形；花紫色或蓝紫色，冠筒基部有毛环，上唇短，直立，下唇具 3 裂片，中裂片大；雄蕊微外露。

（2）益母草（*Leonurus artemisia*）：茎有倒向粗毛。叶 3 裂。花粉红色，冠筒常不藏于花萼内，雄蕊、花柱伸出冠筒外。

（3）夏枯草（*Prunella vulgaris*）：茎常淡红色。叶卵形至长圆形。花密集呈头状，花常紫色。

（4）薄荷（*Mentha haplocalyx*）：多年生草本。叶卵形至长圆状披针形。轮伞花序，花淡紫色。全草有强烈香气。

（5）藿香（*Agastache rugosa*）：叶心状卵形，缘有锯齿。轮伞花序组成密集的圆筒形穗状花序，顶生。

（十）玄参科（Scrophulariaceae）

1. 花程式

↑（稀 *）K $_{(4 \sim 5), 4 \sim 5}$ C $_{(4 \sim 5)}$ A$_{4, 2, 5}$ G $_{(2:2:2, \infty)}$

2. 识别特征

草本或木本。单叶互生、对生或轮生，无托叶。花两性，多两侧对称，排成各种花序；萼片 4 ～ 5，分离或合生，宿存；花冠合生，裂片 4 ～ 5，多二唇形，有时近于整齐；雄蕊 4 枚，2 强，少数 2 或 5 枚，着生于花冠筒上，与花冠裂片互生；子房上位，2 心皮 2 室或不完全二室，中轴胎座，胚珠多数。蒴果，稀浆果。玄参科植物举例见图 3-27。

图 3-27　玄参科植物
A. 地黄；B. 毛泡桐；C. 通泉草；D. 丹参

3. 代表植物

地黄（*Rehmannia glutinosa*）：多年生草本。根状茎肉质肥厚，鲜时黄色，全株被灰色柔毛。叶基生，边缘具不整齐钝齿，叶面有皱纹。顶生总状花序；注意观察花冠筒状微弯，外面紫红色，内面黄色有紫斑；雄蕊 4 枚，2 强；用刀片横切子房可见 2 室，胚珠多数。蒴果，种子多数。

4. 常见植物

（1）毛泡桐（*Paulownia tomentosa*）：落叶乔木。单叶对生，叶卵状心形至长卵状心形，全缘，叶柄长。聚伞状圆锥花序，花萼 5 裂达 1/3，密被黄褐色毛，花后毛渐脱落，花冠淡紫至蓝紫色，花冠筒内有紫斑，呈二唇形，上唇 2 裂，下唇 3 裂；雄蕊 4 枚，2 强，着生于花冠筒上，子房上位，2 室，胚珠多数，中轴胎座。蒴果，种子多数，扁平，两侧具薄翅。

（2）婆婆纳（*Veronica polita*）：草本。下部叶对生，上部叶互生。花单生叶腋，花冠筒短，雄蕊 2 枚，2 心皮。蒴果。

（3）通泉草（*Mazus pumilus*）：草本。茎近无毛，少叶或无叶。萼漏斗状，花蓝色。蒴果球形。

（4）丹参（*Salvia miltiorrhiza*）：多年生草本。羽状复叶，小叶常 3 ～ 5 枚，两面被柔毛。雄蕊 2，另 2 雄蕊退化。根肥厚，外红内白。

（十一）菊科（Compositae，Asteraceae）

1. 花程式

$* , ↑ K_{0 \sim \infty} C_{(5)} A_{(5)} \overline{G}_{(2:1:1)}$

2. 识别特征

多草本，有的具乳汁。叶互生、对生或轮生，单叶或复叶。头状花序，有 1 至多层总苞，全为舌状花或管状花，或边花为舌状花而盘花为管状花，萼片变为冠毛或鳞片；花两性或单性，雄蕊 5，花药合生成聚药雄蕊，2 心皮合生，子房下位。瘦果。菊科植物举例见图 3-28。

图 3-28　菊科植物

A. 向日葵；B. 蒲公英；C. 刺儿菜；D. 苦苣菜

3. 代表植物

根据花各部分特征，菊科分为以下两个亚科。

（1）管状花亚科（Tubuliflorae）：植物体不含乳汁。头状花序由舌状花和管状花组成或全为管状花。

向日葵（*Helianthus annuus*）：一年生草本。植物体无乳汁，茎直立，粗壮，常不分枝。单叶互生，叶片宽卵形，叶柄长。注意观察，大型头状花序顶生，花序下有数层总苞片，花序边缘有一轮黄色舌状花，中性；花序中央密集棕紫色管状花，两性。用镊子从花序边缘取一朵花观察，可见花冠金黄色，伸长的舌状花冠片顶端有小裂齿；下端连以短的花冠筒，花冠基部有 2 ～ 3 片很小的鳞片状萼片。雌、雄蕊均已退化，故为不孕的中性花。取一朵管状花用解剖镜观察，每朵花基部有一片膜质苞片，花冠联合呈筒状，5齿裂；花冠下面有2片鳞片状萼片。用解剖针挑开花冠筒，可见其内侧着生5枚雄蕊，花丝分离，花药联合呈管状，包围花柱，聚药雄蕊。雌蕊2心皮合生，下位子房，1室1胚珠，基生胎座，花柱细长，枝头2裂。果实长卵形或椭圆形，稍扁。

（2）舌状花亚科（Liguliflorae）：植物体具乳汁。头状花序均由舌状花组成。

蒲公英（*Taraxacum mongolicum*）：多年生草本，植物体具乳汁。叶基生，呈莲座状平展，倒卵状披针形至线状披针形，常成逆向羽状分裂。花葶数个，直立，中空，无叶；头状花序单生花葶顶端，总苞钟形，总苞片常两层，头状花序全是舌状花。用镊子取一朵花在解剖镜下观察，舌状花黄色，两性，花冠下面有许多刚毛状冠毛；舌状花冠先端有5齿裂，上部片状，下部管状。用解剖针从花冠管口部向下挑开至花丝着生处，可见5枚雄蕊，花丝分离，着生于花冠管内侧；花药合生呈筒状，包于花柱外，花柱细长；柱头2裂，2心皮合生，子房下位，1室1胚珠。瘦果褐色，长圆形，先端有长喙，喙端有许多白色细软的冠毛。

4. 常见植物

（1）刺儿菜（*Cephalanoplos segetum*）：叶长圆状披针形，全缘或有齿裂，有刺。雄株头状花序小，雌株头状花序较大。

（2）阿尔泰狗娃花（*Heteropappus altaicus*）：多年生草本。叶条形、倒披针形，有腺点。头状花序直径2～3.5cm，舌状花浅蓝紫色，管状花两侧对称，1裂片较长。

（3）野菊（*Dendranthema indicum*）：多年生草本，分枝甚多。叶常五羽状深裂，缘具齿。舌状花黄色，较盘花为短，盘花管状。

（4）菊花（*D. morifolium*）：多年生草本，基部木质。叶卵形，有缺刻及锯齿。边缘多舌状花，中央多管状花。著名观赏花卉，品种极多。

（5）牛蒡（*Arctium lappa*）：一年生或两年生草本。基生叶阔心状卵形，长至20cm，背面有毛。花管状，淡紫色。

（6）茵陈蒿（*Artemisia capillaris*）：幼叶细裂，有白绵毛。雌花结实，花冠绿色，两性花不育，花冠先端紫黑色。

（7）艾（*A. argyi*）：茎被绵毛。叶羽状分裂，上面有腺点和绵毛，背面被绒毛。总苞片3～5层，被白色绒毛。

（8）莴苣（*Lactuca sativa*）：植株无毛，有乳汁。叶无柄，基部叶丛生，带形或倒卵圆形，中部叶长圆形或三角状卵形，叶基耳状抱茎。头状花序在茎枝顶端排成伞房状圆锥花序，舌状花黄色。瘦果灰褐色。

（9）中华苦荬菜（*Ixeris chinensis*）：多年生草本，有乳汁。基生叶莲座状，大头羽状裂。总苞片2层，外层极短小。瘦果有锐纵棱。

（10）一年蓬（*Erigeron annuus*）：茎被白色短硬毛。总苞片 3 层，舌状花白色，舌状花冠毛为膜质鳞片状，管状花冠毛 2 层。瘦果长圆形。

（11）小花鬼针草（*Bidens parviflora*）：一年生草本，叶羽状裂。总苞片 7，管状花黄色。瘦果线形，冠毛具倒刺毛。

（12）苦苣菜（*Sonchus oleraceus*）：茎上部具黑褐色腺毛，叶羽状深裂。舌状花黄色。瘦果长椭圆状倒卵形，两面各具 3 条纵肋。

四、课堂作业

1. 写出玉兰、牡丹、荞麦、油菜、蔷薇、葫芦、窃衣、夏至草、地黄、苦苣菜、向日葵的花程式。

2. 绘刺槐花的蝶形花冠图，并注明各部分名称。

3. 编制玉兰、毛茛、酸模叶蓼、荠菜、蔷薇、刺槐、葫芦、窃衣、夏至草、地黄、苦苣菜和刺儿菜的定距式检索表。

五、思考题

1. 列表比较蔷薇科各亚科和豆科各亚科的主要区别。

2. 十字花科植物有哪些主要特征？你熟悉的十字花科有哪些植物？

3. 如何识别唇形科植物？你熟悉的唇形科有哪些植物？

4. 如何区别菊科的两个亚科？为什么说菊科植物是双子叶植物中较进化的类型？

5. 说明西瓜、南瓜、黄瓜、西葫芦、甜瓜等植物的食用部位。

实验十五　被子植物分科（二）单子叶植物

一、目的和要求

1. 掌握泽泻科、鸢尾科、百合科、石蒜科、莎草科、禾本科、兰科的主要识别特征。

2. 识别各科主要常见植物。

二、器材和材料

1. 植物材料：泽泻、慈姑；鸢尾、马蔺、射干、唐菖蒲；葱、洋葱、萱草、石刁柏、百合等；石蒜、水仙、朱顶红、君子兰；香附子、异穗薹草；小麦、早熟禾、鹅观草、大画眉草、狗尾草等；绶草、天麻、建兰、白及等。

2. 器具：解剖针、镊子、放大镜、解剖镜、双面刀片等。

三、实验内容和方法

（一）泽泻科（Alismataceae）

1. 花程式

$* \ P_{3+3} A_{6\sim\infty} \underline{G}_{6\sim\infty:1:1\sim2}$

2. 识别特征

水生或沼生草本。花两性或单性，花托突起或扁平；两轮花被片，外轮花萼状 3 片，内轮花冠状 3 片；雄蕊 6 至多数，雌蕊 6 至多数，离生，螺旋排列或轮生，子房上位，胚珠 1 ~ 2 个。聚合瘦果。泽泻科植物举例见图 3-29。

A

B

图 3-29 泽泻科植物

A. 泽泻；B. 慈姑

3. 代表植物

泽泻（*Alisma orientale*）：多年生水生草本。叶基生，叶片卵形或椭圆形，叶柄长，基部鞘状。圆锥状复伞形花序。取一朵花观察，花两性，花托扁平，外轮为花萼，内轮为花瓣，均为 3 枚，雄蕊 6 枚，心皮多数，轮生成环。瘦果。

4. 常见植物

慈姑（*Sagittaria trifolia* var. *sinensis*）：叶箭形，顶端裂片具 5 ~ 7 脉。总状花序或圆锥花序顶生，下部雌花有短梗；上部雄花有细长梗，苞片基部连合，花白色，雌雄同株，花托膨大突起。聚合瘦果。

（二）鸢尾科（Iridaceae）

1. 花程式

* $P_{3+3} A_3 \overline{G}_{(3:3:\infty)}$

2. 识别特征

多年生草本，具球茎、根状茎或鳞茎。叶多基生，叶基套褶状。顶生聚伞花序，花被 6 片，花瓣状，成两轮排列；3 枚雄蕊，子房下位，花柱 3，变异极大，常宽扁而呈花瓣状。蒴果，背缝裂。鸢尾科植物举例见图 3-30。

图 3-30　鸢尾科植物
A. 鸢尾；B. 马蔺；C. 射干

3. 代表植物

鸢尾（*Iris tectorum*）：具根状茎。叶基生，常彼此跨覆套褶状，排成两行。顶生聚伞花序。取一朵花观察，花被片 6 枚，两轮，黄色或紫色，宽大；花柱扩展为花瓣状，常被黄色或紫色毛茸；3 枚雄蕊，雌蕊由 3 心皮组成，子房下位。蒴果。

4. 常见植物

（1）马蔺（*Iris lactea* var.*chinensis*）：根茎粗壮，叶线形，光滑。花淡蓝紫色，雄蕊紧贴花柱外侧，柱头稍宽，蓝色，花瓣状，2 裂。

（2）射干（*Belamcanda chinensis*）：叶无柄，2 列，宽剑形，扁平。聚伞花序，

花被片长倒卵形至长圆形。蒴果长椭圆形至倒卵形，顶端有干枯的花被。

（3）唐菖蒲（*Gladiolus gandavensis*）：花大，近两侧对称，花柱不分枝，不呈花瓣状，每苞内1花，色彩多美艳。

（三）百合科（Liliaceae）

1. 花程式

* $P_{3+3} A_{3+3} \underline{G}_{(3:3:\infty)}$

2. 识别特征

多草本，具鳞茎、块茎或根状茎，单叶。花被片6，排成两轮，雄蕊6枚与之对生，子房上位，3心皮3室，中轴胎座。蒴果或浆果。百合科植物举例见图3-31。

图 3-31 百合科植物

A.葱；B.萱草；C.麦冬

3. 代表植物

葱（*Allium fistulosum*）：鳞茎棒槌状或圆筒形，具较强葱味。叶圆筒形，中空。伞形花序顶生，总苞膜质，卵形。取一朵花观察，花白色，花被片6枚，两轮排列，6枚雄蕊与之对生，3心皮3室，子房上位，中轴胎座。蒴果。

4. 常见植物

（1）洋葱（*Allium cepa*）：鳞茎球形或扁球形，外包淡紫色或黄褐色叶鞘。花粉红色，总苞片1～3枚，反卷，花被片披针形。

（2）萱草（*Hemerocallis fulva*）：具纺锤状膨大肉质块根。叶线状披针形，背面带白色。初夏叶丛间抽出直立花茎，茎顶分枝开花，花橘黄色或橘红色。

（3）麦冬（*Ophiopogon japonicus*）：有地下匍匐茎和小块根。叶基生，禾叶状。总状花序长达 12cm，花淡紫色，偶白色。浆果黑色。

（4）石刁柏（*Asparagus officinalis*）：全株光滑，稍有白粉，叶退化成膜质鳞片。花小，黄色。浆果。

（5）百合（*Lilium brownii* var. *viridulum*）：鳞茎球形。叶倒披针形。花喇叭形，白色，上端稍外卷。蒴果。

（四）石蒜科（Amaryllidaceae）

1. 花程式

　* $P_{3+3}A_{3+3}\overline{G}_{(3:3:\infty)}$

2. 识别特征

草本，有鳞茎或根状茎。叶线形。花被片及雄蕊各 6 枚，2 轮，下位子房，3 室。蒴果。石蒜科植物举例见图 3-32。

图 3-32　石蒜科植物

A. 水仙；B. 朱顶红；C. 君子兰

3. 代表植物

石蒜（*Lycoris radiata*）：多年生草本，鳞茎广椭圆形。叶线形，冬季生出，开花前枯萎。花数朵生于花葶顶端成伞形花序，外有两个披针形总苞片。取一朵花观察，花红色，花被片及雄蕊各 6 枚，2 轮，下位子房，3 室，每室 2 胚珠。蒴果。

4. 常见植物

（1）水仙（*Narcissus tazetta* var.*chinensis*）：多年生草本，具鳞茎。叶条形，与花同时发出。花芳香，白色，常 4 ～ 9 朵成伞形花序，花被高脚蝶状，副花冠鲜黄色，盘状。

（2）朱顶红（*Hippeastrum rutilum*）：鳞茎球形，叶宽带状。花葶有 2 ～ 4 朵花，花被管绿色，喉部有小副冠，花被红色带绿色。

（3）君子兰（*Clivia miniata*）：有肉质根和叶基构成的假鳞茎。叶宽带状，2 列。花葶有 10 ～ 20 朵花，红色。

（五）莎草科（Cyperaceae）

1. 花程式

$\uparrow P_0 A_{1\sim3} \underline{G}_{(2\sim3:1:1)}$

2. 识别特征

草本。茎三棱形，实心。叶 3 列，或仅有闭合的叶鞘。小穗组成各种花序，花被无或退化为刚毛状或鳞片状。小坚果。莎草科植物举例见图 3-33。

图 3-33　莎草科植物

A. 香附子；B. 异穗薹草；C. 碎米莎草；D. 水葱

3. 代表植物

香附子（*Cyperus rotundus*）：多年生草本，有匍匐根状茎和椭圆形块茎，块茎芳香。杆直立，散生，三棱形，表面平滑，实心。叶基生，3 列，叶片长线形，叶鞘边缘合生成管状抱茎，常裂成纤维状。复穗状花序 3 ～ 10 个在杆顶集生成辐射状。取一个小穗观察，小穗线形，扁平，茶褐色，小穗轴具明显膜翅。花 8 ～ 28 朵，鳞片（苞片）2 列，膜质，卵形，每一鳞片内着生一无被花，两性，3 雄蕊，花柱长，柱头 3 裂。小坚果，有三棱。

4. 常见植物

（1）薹草属（*Carex*）：多年生草本。茎顶常有叶状总苞托在穗状花序下边，小穗在茎顶排成穗状或总状；花单性，雌雄花同一花序，雌花在雄花之上或雄花在雌花之上，或为雌雄花异序；花无被；雄花通常雄蕊 3 个；雌花具 1 雌蕊。子房外包有由苞片形成的囊苞。小坚果通常三棱形或完全包在苞内形成囊果。本属植物如白颖薹草（*C. rigescens*）、异穗薹草（*C. heterostachya*）以及主产东北的乌拉草（*C. meyeriana*）等。

（2）莎草属（*Cyperus*）：多年生或一年生草本。茎顶生复聚伞花序，排成伞形、总状或头状，花序下具叶状总苞片数枚；小穗稍压扁，不脱落；颖片2列；花两性，雄蕊常3枚。小坚果三棱。本属植物如碎米莎草（*C. iria*）、油莎草（*C. esculentus*）、短叶茳芏（*C. malaccensis* var. *brevifolius*）等。

我国常见的莎草科植物还有藨草属的藨草（*Scirpus triqueter*）、荆三棱（*S. yagara*）、水葱（*S. tabernaemontani*），飘拂草属的两歧飘拂草（*Fimbristylis dichotoma*），荸荠属的荸荠（*Eleocharis tuberosa*）等。

（六）禾本科（Gramineae，Poaceae）

1. 花程式

↑ $P_{2\sim3}A_{3,6}\underline{G}_{(2\sim3:1:1)}$

2. 识别特征

一至多年生草本，少数为木本。本科植物常具根状茎，地上茎称为秆，秆有明显的节，节间中空或少为实心。叶互生，由叶鞘和叶片组成，叶鞘开放，少有闭合，叶脉平行；叶片与叶鞘间有膜质或纤毛状叶舌；叶片基部两侧常有叶耳。花序由小穗排列组成，小穗含花1至多朵，2行列于小穗轴上，基部常有2片不孕的苞片，名为颖片，上一片为内颖，下一片为外颖。花两性、单性或中性，外有外稃和内稃，外稃与内稃之内有2（少3或6，有时缺）小鳞片状物，名为鳞被或浆片；雄蕊3或6，子房上位，2心皮1室1胚珠，柱头常羽毛状或刷子状。颖果，种子有小胚和丰富的胚乳。禾本科植物举例见图3-34。

图 3-34 禾本科植物

A. 小麦；B. 草地早熟禾；C. 臭草；D. 牛筋草；E. 狗尾草

禾本科专用术语如下。

（1）小穗两侧压扁：颖与稃的侧面压扁呈舟状，使小穗宽度小于背腹面的宽度。

（2）小穗背腹压扁：颖与稃的侧面不压扁，使小穗背腹面宽度小于两侧的宽度。

（3）小穗脱节于颖之上：组成小穗的花成熟后，小穗在颖上逐节断落而将颖片保存下来。

（4）小穗脱节于颖之下：组成小穗的花成熟后，小穗连同下部的颖片同时脱落。

（5）芒：为颖、外稃或内稃的主脉所延伸而成的针状物。

（6）第一外稃：指组成小穗的第一（最下部）小花的外稃。

3. 代表植物

小麦（*Triticum aestivum*）：一年生或两年生草本。秆中空，有明显的节与节间。叶鞘包茎，叶片与叶鞘连接处内侧有一膜质叶舌，叶鞘顶缘部延伸形成两个小叶耳。花两性，组成顶生穗状花序，小穗成两行，每一穗轴节上只着生一个小穗。

取一个小穗观察，小穗无柄，基部两侧各有一颖片，颖片以上含 2～5 朵小花，单生于穗轴各节上，仅基部 2～3 朵花能育，上部小花常不结实。

取一朵小花观察，花的外面有 2 片稃片，在外者为外稃，里面者为内稃。外稃厚纸质，顶端具芒，内稃几乎全为外稃所包被，剥去外稃，可见内稃膜质，半透明，上有两条龙骨状突起成绿色的脉。用放大镜仔细观察子房外侧基部，可见两个细小鳞片状略带绒毛的浆片，它们相当于内轮的花被，3 枚雄蕊，花药甚大，花丝细长，雌蕊 2 心皮连合而成，子房近圆形，表面被绒毛，子房顶部伸出两条羽毛状柱头（无花柱），以扩大接受花粉的面积。颖果长椭圆形，果皮与种皮愈合。

4. 常见植物

禾本科分为以下两个亚科。

1）竹亚科（Bambusoideae）　木本，竿木质坚硬。叶片具短柄，与叶鞘连处常具关节而易脱落。雄蕊 6 枚，如各种竹类。

2）禾亚科（Agrostidoideae）　草本，秆常为草质。叶片不具短柄而与叶鞘连接，也不易自叶鞘上脱落。雄蕊 3 枚。

（1）早熟禾属（*Poa*）：多年生，仅少数为一年生。叶片扁平。圆锥花序，开展或紧缩；小穗含 2 至数朵花，小穗脱节于颖之上，最上一花不发育或退化；颖近于等长，第一颖具 1～3 脉，第二颖常 3 脉；外稃无芒，薄膜质，具 5 脉，内稃和外稃等长或稍短。颖果和内外稃分离。本属植物如早熟禾（*P. annua*）、硬质早熟禾（*P. sphondylodes*）、草地早熟禾（*P. pratensis*）等。

（2）臭草属（*Melica*）：多年生。顶生圆锥花序紧密或开展；小穗较大，具 2 至数朵花，上部 2～3 朵小花退化，只有外稃；小穗脱节于颖之上；小穗柄细长，弯曲，常自弯曲处折断而使小穗整个脱落；颖具膜质边缘，等长或第一颖较短；外稃无芒，内稃膜质。本属植物如臭草（*M. scabrosa*）、广序臭草（*M. onoei*）等。

（3）画眉草属（*Eragrostis*）：多年生或一年生草本。顶生圆锥花序开展或紧缩；小穗含数花到多花，小穗常两侧压扁；小穗脱节于颖之上，颖不等长或近于等长，通常较第一外稃为短；外稃无芒，具 3 脉，内稃具 2 脉，常作弓形弯曲。本属植物如大画眉草（*E. cilianensis*）、知风草（*E. ferruginea*）等。

（4）鹅观草属（*Roegneria*）：多年生草本。顶生穗状花序直立或下垂；穗轴每节着生一小穗；小穗含 2～10 朵花，脱节于颖之上，外稃具芒或少数无芒，芒常比外稃长，劲直或向外反曲，内稃具 2 脊。本属植物如纤毛鹅观草（*R. ciliars*）、鹅观草（*R. kamoji*）等。

（5）䅟属（*Eleusine*）：一年生。穗状花序 2 至数枝簇生茎顶，呈指状排列；小穗无柄，紧密排列于穗轴一侧；小穗含数朵小花，两侧压扁，脱节于颖之上，两颖不等长，都短于第一外稃，第一颖较小；外稃具 3 条明显绿脉，互相靠近，形成背脊，最上外稃常无边缘脉，内稃具 2 脊。种子黑褐色包于疏松的果皮内。本属植物如牛筋草（*E. indica*）等。

（6）狗尾草属（*Setaria*）：一年生或多年生。顶生穗状圆锥花序，小穗含 1～2 朵花，单生或簇生；小穗下生刚毛，刚毛宿存而不与小穗同时脱落；第一颖具 3～5 脉或无脉，长为小穗的 1/4～1/2，第二颖和第一外稃等长或较短。本属植物如狗尾草（*S. viridis*）、金色狗尾草（*S. pumila*）等。

（七）兰科（Orchidaceae）

1. 花程式

$\uparrow \mathrm{P}_{3+3} \mathrm{A}_{1,2} \overline{\mathrm{G}}_{(3:1:\infty)}$

2. 识别特征

陆生、附生或腐生草本。叶互生或退化为鳞片。两性花，两侧对称，花被片 6，2 轮，形成唇瓣；雄蕊 1 或 2 个，与花柱、柱头联合成合蕊柱，花粉粒形成花粉块；下位子房，侧膜胎座。蒴果。兰科植物举例见图 3-35。

图 3-35 兰科植物
A.绶草；B.建兰；C.白及

3.代表植物

绶草（*Spiranthes sinensis*）：陆生。叶 2 ～ 4 枚生于茎近基部，条状倒披针形或条形。花序顶生，小花多而密生，穗状，螺旋状排列。取一朵花观察，花的唇瓣近矩圆形，顶端钝，伸展；外轮 1 个雄蕊成熟，内轮两侧 2 个雄蕊变态为假雄蕊；子房下位，1 室，侧膜胎座，柱头 3 裂，两侧裂片发育，中央裂片不育，伸长为蕊喙；花粉黏合成花粉块。蒴果。

4.常见植物

（1）天麻（*Gastrodia elata*）：多年生腐生草本。茎单一，直立，叶鳞片状。花序顶生，淡黄绿色，花被中下部合生如壶状。著名药用植物。

（2）建兰（*Cymbidium ensifolium*）：有假鳞茎，叶 2 ～ 6 枚丛生，带形，弯曲下垂。花葶直立，有 4 ～ 7 朵花，浅黄绿色，浓香；萼片狭披针形，唇瓣不明显 3 裂，花粉块 2 个。观赏植物。

（3）白及（*Bletilla striata*）：陆生。块茎压扁状，富有黏性。茎粗壮，4 ～ 5 枚叶，披针形。花序具 3 ～ 8 朵花，紫色或淡红色，萼片与花瓣近等长，唇瓣 3 裂；花粉块 8 个。药用植物。

四、课堂作业

1.写出泽泻、葱、石蒜、绶草、香附子的花程式。
2.绘小麦小穗的理论模式图，并注明各部分名称。

五、思考题

1. 列表比较莎草科与禾本科植物的异同。

2. 列表比较百合科、石蒜科、鸢尾科植物的异同。

3. 为什么说泽泻科植物是单子叶植物中最原始的类群?

4. 为什么说禾本科植物有重要的经济价值? 试从花的结构阐明禾本科是单子叶植物中风媒传粉的典型代表。

5. 为什么说兰科是单子叶植物中虫媒传粉的典型代表?

实验十六　植物组织水势的测定——小液流法

水势表示每偏摩尔体积水的化学势差，在渗透系统中水分总是由水势高处向水势低处流动。植物体细胞之间、组织之间以及植物体与环境之间的水分移动方向都由水势差决定。

将植物组织放入外界溶液中时，如果植物组织的水势小于外界溶液水势，植物组织吸水，使外界溶液浓度增大；反之，植物组织失水，使外界溶液浓度变小。若植物组织与外界溶液水势相等，则二者水分交换保持动态平衡，外界溶液浓度不变，此时外界溶液的渗透势就等于植物组织的水势。可以利用外界溶液的浓度不同其密度也不同的原理，测定实验前后溶液浓度的变化，根据公式计算植物组织的水势。

一、目的和要求

1. 掌握小液流法测定植物组织水势的方法。
2. 了解渗透系统中水势大小是水分移动方向的决定因素。

二、实验用品

1. 植物材料：菠菜或其他植物叶片。
2. 器具：10mL 具塞试管、试管架、移液管、弯头滴管、打孔器、解剖针、温度计和镊子等。
3. 试剂：1mol/L 蔗糖溶液、亚甲蓝粉末。

三、实验内容和方法

（1）用 1mol/L 蔗糖溶液配制一系列不同浓度（0.1mol/L、0.2mol/L、0.3mol/L、0.4mol/L、0.5mol/L、0.6mol/L、0.7mol/L 和 0.8mol/L）的蔗糖溶液各 10mL，注入 8 支编号的试管中，各管都加上塞子，按编号顺序在试管架上排成一列，作为对照组。

（2）另取 8 支试管，编号，按顺序放在试管架上，作为实验组。分别从对照组各试管中取蔗糖溶液 4mL 放入相同编号的实验组试管中，再将各试管都加上塞子。

（3）选取均匀一致的叶子，用打孔器钻取叶圆片若干，向实验组的每一试管中各加相等数目的叶圆片（50 片），叶片应全部浸没在蔗糖溶液中，盖上塞子，放置 30min，在这段时间内摇动数次。到时间后，用解剖针向每一试管中各加亚甲蓝粉末少许，震荡，使溶液着色均匀，此时溶液变成蓝色。

（4）用弯头滴管从实验组各试管中依次吸取着色的液体少许，然后伸入对照组同样浓度溶液的中部，缓慢从弯头滴管尖端横向放出一滴蓝色溶液，观察蓝色液滴的移动方向，并记录。如果蓝色液滴向上移动，表明植物组织失水，使蔗糖溶液浓度降低，密度减小；如果蓝色液滴向下移动，说明植物组织吸水，使蔗糖溶液浓度升高，密度增大；如果蓝色液滴静止不动，则说明蔗糖溶液与植物组织水势相等。

（5）结果计算。

根据以下公式计算植物组织的水势。

$$\psi_w = -i \times R \times T \times C$$

式中，ψ_w 为植物组织水势（MPa）；

i 为解离系数（蔗糖为 1）；

R 为气体常数 [0.008314 L・MPa /（mol・K）]；

T 为绝对温度 [K，即 273℃＋t，t 为实验温度（℃）]；

C 为小液滴在其中基本不动的蔗糖溶液的浓度（mol/L）。

【注意事项】

（1）叶片投入试管要快，试管及时加塞，防止叶内或试管中水分蒸发影响实验结果。

（2）加入实验组的亚甲蓝粉末量不宜过多，以免影响溶液的密度。

（3）弯头滴管要各溶液专用，如用同一弯头滴管则应从低浓度到高浓度依次吸取溶液。

（4）释放蓝色液滴时要缓慢，防止过急挤压冲力影响液滴移动。

（5）最好在一个白色背景下观察液滴移动状况。

四、课堂作业

测定同一植物上部及下部叶片的水势有何差别？

五、思考题

如果小液滴在各对照溶液中全部上升（或下降），说明什么问题？应如何改进实验设置？

实验十七 植物养分的快速测定

氮（N）、磷（P）、钾（K）三元素是植物主要的矿质营养元素，被称为三要素。通过对 N、P、K 的速测，可以了解植物对矿质元素的需求情况，也可作为合理施肥与看苗诊断的参考指标。利用元素和特定试剂的显色反应可测定植物的养分含量。

硝态氮：在 NO_3^- 存在时，加入浓硫酸，二苯胺可被生成的硝酸氧化成深蓝色化合物。

磷：在含有 PO_4^{3-} 的酸性溶液中加入钼酸铵试剂，形成磷钼酸铵，磷钼酸铵再在 $SnCl_2$ 作用下，还原为蓝色化合物，蓝色深浅与磷含量成正比。

钾：K^+ 与亚硝酸钴钠作用，生成黄色的沉淀亚硝酸钴钾钠，根据浑浊度进行定量比浊。

一、目的和要求

掌握植物中 N、P、K 的快速测定方法。

二、实验用品

1. 植物材料：植物鲜样。

2. 器具：天平、剪刀、烧杯、容量瓶、玻璃棒、小试管、移液管、微量移液器等。

3. 试剂。

（1）二苯胺硫酸溶液：称取 1g 二苯胺溶于 100mL 浓硫酸。

（2）KNO_3 标准液：精确称取 KNO_3（分析纯）0.722g，放入烧杯中，加蒸馏水溶解，转入 1000mL 容量瓶中，加蒸馏水至刻度，即 100mg/L 的含氮标准液。

（3）钼酸铵溶液：称 4g 钼酸铵溶于 100mL 蒸馏水中，缓慢加入 63mL 浓盐酸与 37mL 蒸馏水的混合液，混匀后贮于棕色瓶中。

（4）$SnCl_2$ 溶液：将 1g $SnCl_2 \cdot 2H_2O$ 溶于 4mL 浓盐酸中，用蒸馏水定容至 100mL，盛于棕色瓶中。

（5）磷标准液：精确称取 KH_2PO_4（分析纯）0.439g 放入烧杯中，加蒸馏水溶解，转入 1000mL 容量瓶中，用蒸馏水稀释至刻度。取此液 10mL，稀释至 100mL，即 10mg/L 磷标准液。

（6）亚硝酸钴钠溶液：将 5g 亚硝酸钴钠及 30g 亚硝酸钠溶于 80mL 蒸馏水中，加 5mL 冰醋酸，最后加蒸馏水定容至 100mL，贮于棕色瓶中，放置数天后备用。

（7）钾标准液：精确称取干燥的 KCl 0.1907g，加蒸馏水溶解，转入 1000mL 容量瓶中，加水至刻度，即 100mg/L 的标准钾液。

三、实验内容和方法

1. 样品准备

1）取样　采样时可选有代表性植株，取叶龄一致的叶片、叶柄或叶鞘。棉花以主茎叶柄作样品（棉株顶端向下第三叶或第四叶叶柄）；油菜以叶片作样品（从展开叶向下第三叶或第四叶）；稻、麦以叶鞘作样品（心叶下第一叶或第二叶叶鞘）。

2）样品处理　用剪刀将样品剪成大小一致的碎块，充分混匀后，称取 1g 放入 25mL 试管中，加蒸馏水 10mL，置沸水浴中煮沸 10min，冷却后，将浸提液倒入 25mL 容量瓶中，用蒸馏水定容，摇匀静置，取上清液备用。

2. 硝态氮的测定

取小试管 7 支，按表 4-1 加入试剂，分别混匀。

表 4-1　硝态氮含量测定各试剂加入量

试剂	管号						测定管
	1	2	3	4	5	6	
100mg/L KNO_3 标准液/mL	0.01	0.05	0.1	0.2	0.4	0.8	
蒸馏水/mL	0.99	0.95	0.9	0.8	0.6	0.2	
待测液/mL							1
KNO_3 浓度/（mg/L）	1	5	10	20	40	80	

依次向各管加入 5 滴二苯胺硫酸溶液，摇匀，5min 后比色。若待测液颜色近似于某标准液的蓝色，则该标准液对应的 KNO_3 浓度就是待测液的硝态氮浓度（mg/L）。如果待测液颜色太深，则稀释一定倍数再重复以上操作。

样品硝态氮含量（%）$= C \times V \times D \times 10^{-4} / W$

式中，C 为比色得到的待测液硝态氮浓度（mg/L）；

V 为样品定容体积（mL）；

D 为样品稀释倍数；

W 为样品鲜重（g）。

3. 磷的测定

取小试管 7 支，按表 4-2 加入试剂，分别混匀。

表 4-2　磷含量测定各试剂加入量

试剂	管号						测定管
	1	2	3	4	5	6	
10mg/L磷标准液/mL	0.1	0.2	0.4	0.6	0.8	1	
蒸馏水/mL	0.9	0.8	0.6	0.4	0.2	0	
待测液/mL							1
磷浓度/（mg/L）	1	2	4	6	8	10	

依次向各管加入 2 滴钼酸铵溶液，摇匀后再分别加入 $SnCl_2$ 溶液 2 滴，摇匀后静置 10min，比色。若待测液颜色近似于某标准液的蓝色，则该标准液磷浓度就是待测液的磷浓度（mg/L）。如果待测液颜色太深，则稀释一定倍数再重复以上操作。

样品磷含量（%）= $C \times V \times D \times 10^{-4} / W$

式中，C 为比色得到的待测液磷浓度（mg/L）；

V 为样品定容体积（mL）；

D 为样品稀释倍数；

W 为样品鲜重（g）。

4. 钾的测定

取小试管 7 支，按表 4-3 加入试剂，分别混匀。

表 4-3　钾含量测定各试剂加入量

试剂	管号						测定管
	1	2	3	4	5	6	
100mg/L钾标准液/mL	0.1	0.2	0.4	0.6	0.8	1	
蒸馏水/mL	0.9	0.8	0.6	0.4	0.2	0	
待测液/mL							1
钾浓度/（mg/L）	10	20	40	60	80	100	

依次向各管加入 5 滴亚硝酸钴钠溶液，摇匀，5min 后比较标准液与待测液

的黄色浑浊，得出待测液的浓度。

样品钾含量（%）$= C \times V \times D \times 10^{-4} / W$

式中，C 为比色得到的待测液钾浓度（mg/L）；

V 为样品定容体积（mL）；

D 为样品稀释倍数；

W 为样品鲜重（g）。

【注意事项】

注意取材的一致性。

四、课堂作业

比较不同年龄和组织中硝态氮、P 和 K 的含量，找出诊断植物 N、P 和 K 的敏感部位。

五、思考题

简要说明 N、P、K 的生理作用，本实验速测 N、P、K 的优缺点。

实验十八　叶绿体色素提取、分离及其理化性质鉴定

叶绿体色素是植物吸收太阳光能进行光合作用的重要物质，主要由叶绿素 a、叶绿素 b、胡萝卜素和叶黄素组成。叶绿体色素不溶于水，但能溶于有机溶剂，因此可用乙醇、丙酮等有机溶剂将它们从叶片中提取出来。提取液可用色谱分析原理加以分离，由于各种叶绿体色素在有机溶剂中的溶解度不同以及在吸附剂上的吸附特性有差异，即在流动相和固定相中具有不同的分配系数，所以移动速度不同，经过一段时间，可将各种色素分开。

叶绿素分子吸收光量子转变成激发态，激发态的叶绿素分子很不稳定，当它变回到基态时可发射出红光量子，因而产生荧光。叶绿素是一种双羧酸酯，可与碱发生皂化作用，产生的盐可溶于水，利用此法可将叶绿素与类胡萝卜素分开。叶绿素分子中的镁可被 H^+ 取代形成褐色的去镁叶绿素，后者遇铜则形成绿色铜代叶绿素，铜代叶绿素很稳定，在光下不易被破坏，故常用此法制作绿色植物的浸渍标本。叶绿素易受强光破坏，特别是当叶绿素与蛋白质分离后，破坏更快。叶绿体色素具有光学活性，表现出一定的吸收光谱，可用分光镜检查。

一、目的和要求

1. 了解叶绿体色素提取分离原理。
2. 了解叶绿体色素光学特性在光合作用中的意义。

二、实验用品

1. 植物材料：新鲜的菠菜叶片或其他植物叶片。
2. 器具：天平、剪刀、研钵、漏斗、容量瓶、大培养皿一套、单片小培养皿、圆形定性滤纸、试管、移液管、毛细管、玻璃棒、分光镜等。
3. 试剂：80% 丙酮溶液、碳酸钙、石英砂、层析推动剂 [石油醚：丙酮 = 25 ： 3（V/V）]、苯、5%HCl、20% 氢氧化钾甲醇溶液、醋酸铜粉末。

三、实验内容和方法

1. 叶绿体色素的提取

取菠菜或其他植物新鲜叶片 4 ~ 5 片，洗净擦干，去掉中脉后，称取 2g 左右，剪碎，放入研钵中，加入少量石英砂和碳酸钙，加 5mL 80% 丙酮溶液，研磨成匀浆，再加 80% 丙酮溶液 5mL，摇匀，过滤至 25mL 容量瓶中（定容之前的提取液先进行纸层析），最后用 80% 丙酮溶液定容至 25mL，摇匀（定容之后的提取液用于荧光及化学性质观察）。

2. 叶绿体色素的分离

（1）取一张圆形定性滤纸，在滤纸圆心戳一圆形小孔（直径约 3mm），另取一滤纸条（5cm×1.5cm 左右，纸条的宽度主要根据培养皿的高度而定）。用毛细管吸取叶绿体色素提取液，沿纸条长度方向涂在纸条一边，使色素扩散的宽度限制在 0.5cm 以内，风干后，再重复操作数次。然后沿长度方向卷成纸捻，使浸过叶绿体色素溶液的一侧恰在纸捻的一端。

（2）将纸捻带有色素的一端插入圆形定性滤纸的小孔中，与滤纸刚刚平齐（勿突出）。

（3）在大培养皿中放一单片小培养皿，小培养皿内加入 5mL 层析推动剂，将插有纸捻的圆形滤纸平放在小培养皿上，使滤纸下端（无色素的一端）浸入推动剂中，迅速把大培养皿盖上。此时，推动剂借助毛细管引力顺纸捻扩散至圆形定性滤纸上，并把叶绿体色素向四周推动，不久即可看到被分离的各种色素的同心圆环。

（4）待层析推动剂将要到达滤纸边缘时，取出滤纸，风干，即可看到分离的各种色素，由内向外依次是叶绿素 b 为黄绿色，叶绿素 a 为蓝绿色，叶黄素为黄色，胡萝卜素为橙黄色（图 4-1）。用铅笔标出各种色素的位置和名称。

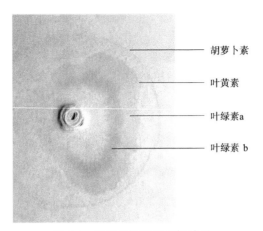

胡萝卜素

叶黄素

叶绿素a

叶绿素 b

图 4-1　叶绿体色素纸层析结果

3. 叶绿体色素某些理化性质的鉴定

（1）荧光现象：取 3mL 叶绿体色素提取液，分别在透射光和反射光下观察提取液的颜色有无不同。

（2）皂化作用（叶绿素与类胡萝卜素的分离）：取叶绿体色素提取液 3mL 于试管中，加入 1mL 20％氢氧化钾甲醇溶液，充分摇匀。片刻后，加入 3mL 苯，摇匀，再沿试管壁慢慢加入 3mL 蒸馏水，轻轻混匀（不要激烈摇荡），静置在试管架上，可看到溶液逐渐分为两层，下层溶液中有皂化叶绿素 a 和叶绿素 b，上层是苯溶液，其中溶有胡萝卜素和叶黄素。

（3）叶绿素分子中 Mg^{2+} 的取代作用：取 2 支试管，分别加入 2mL 叶绿体色素提取液。第 1 支试管作为对照，第 2 支试管中一滴一滴加入 5％HCl，边加边摇匀，观察溶液颜色变化。当溶液变褐后，再加入少量醋酸铜粉末，微微加热，观察记录溶液颜色变化，并与对照管比较。解释其颜色变化原因。

（4）光对叶绿素的破坏作用：取叶绿体色素提取液少许分装于 2 支试管中。1 支试管放在暗处（或用黑纸包裹），另 1 支试管放在强光下，经过 2～3h 后，观察两支试管中溶液颜色有何不同。

（5）在分光镜狭缝前分别放置盛有 80% 丙酮溶液、叶绿体色素提取液、发生皂化反应后的黄色素溶液和绿色素溶液的试管，观察镜筒小孔射入光线所形成的光谱。

【注意事项】

色素的提取与分离层析均应在弱光或暗处进行，以防止光对色素的破坏，影响实验结果。

四、课堂作业

通过实验，你对叶绿体的色素获得了哪些认识？

五、思考题

1. 研磨提取色素时加入碳酸钙有什么作用？
2. 用层析原理以及色素化学结构分析层析纸上所出现的不同色层。

实验十九　叶绿体色素含量测定——分光光度法

叶绿体色素溶液各组成成分在可见光谱中具有不同的特征吸收峰。因此，利用分光光度计在某一特定波长下所测定的吸光度，根据经验公式即可计算出色素溶液中各色素浓度。不同溶剂所提取的色素吸收光谱有差异，因此，应使用不同的计算公式。

叶绿体色素的提取常用丙酮和乙醇等有机溶剂。叶绿体色素 80% 丙酮提取液中叶绿素 a、叶绿素 b 及类胡萝卜素分别在 663nm、646nm 和 470nm 波长下有最大吸收峰，而 95% 乙醇提取液中它们则在 665nm、649nm 和 470nm 波长下具有最大吸收峰，据此所测得的吸光度值代入不同的经验公式，计算出叶绿体色素丙酮（或乙醇）提取液中叶绿素 a 和叶绿素 b 的浓度、叶绿素总浓度和类胡萝卜素浓度，并依据所使用的单位植物组织鲜重，计算出色素含量。

一、目的和要求

掌握利用分光光度法对叶绿体色素提取液中叶绿素 a 浓度、叶绿素 b 浓度、叶绿素总浓度和类胡萝卜素浓度的测定与计算方法。

二、实验用品

1. 植物材料：新鲜植物叶片，如菠菜叶片等。
2. 器具：分光光度计、天平、研钵、剪刀、漏斗、滤纸、玻璃棒、棕色容量瓶、吸水纸、擦镜纸、滴管等。
3. 试剂：80% 丙酮溶液（或 95% 乙醇溶液）、石英砂、碳酸钙。

三、实验内容和方法

1. 色素的提取

（1）取新鲜植物叶片，洗净擦干，去掉中脉后，称取 0.2g，剪碎放入研钵中，加入少量石英砂和碳酸钙及 5mL 80% 丙酮溶液，研磨成匀浆，暗处放置 10min。

（2）将匀浆过滤到 25mL 容量瓶中，用 80% 丙酮溶液反复冲洗研钵、玻璃棒及残渣数次，最后用 80% 丙酮溶液定容至 25mL，混匀。

2. 吸光度的测定

取光径 1cm 的比色杯，注入上述色素丙酮提取液，以 80% 丙酮溶液注入另一同样的比色杯内作为空白对照，分别在波长 663nm、646nm 和 470nm 下测定吸光度（如用 95% 乙醇溶液提取，波长应调整）。

3. 结果计算

依据下列丙酮（或乙醇）提取液中色素浓度计算公式，分别计算出叶绿素 a、叶绿素 b 的浓度及叶绿素总浓度和类胡萝卜素浓度。

80% 丙酮提取液中色素浓度计算公式如下。

$$C_a = 12.21A_{663nm} - 2.81A_{646nm}$$

$$C_b = 20.13A_{646nm} - 5.03A_{663nm}$$

$$C_T = C_a + C_b = 17.32A_{646nm} + 7.18A_{663nm}$$

$$C_{x.c} = (1000A_{470nm} - 3.27C_a - 104C_b)/229$$

95% 乙醇提取液中色素浓度计算公式如下。

$$C_a = 13.95A_{665nm} - 6.88A_{649nm}$$

$$C_b = 24.96A_{649nm} - 7.32A_{665nm}$$

$$C_T = C_a + C_b = 18.08A_{649nm} + 6.63A_{665nm}$$

$$C_{x.c} = (1000A_{470nm} - 2.05C_a - 114.8C_b)/245$$

式中，C_a、C_b 和 C_T 分别为叶绿素 a 浓度、叶绿素 b 浓度及叶绿素总浓度（mg/L）；

$C_{x.c}$ 为类胡萝卜素浓度（mg/L）；

A_{663nm}、A_{665nm}、A_{646nm}、A_{649nm} 和 A_{470nm} 分别为叶绿体色素提取液在波长 663nm、665nm、646nm、649nm 和 470nm 下的吸光度。

再按下式计算植物组织中各色素的含量（用 mg/g 鲜重表示）。

叶绿体色素含量（mg/g 鲜重）$= C \times V \times N / W$

式中，C 为色素浓度（mg/L）；

V 为提取液体积（L）；

N 为样品稀释倍数；

W 为样品鲜重（g）。

【注意事项】

（1）光对叶绿素有破坏作用，实验操作应在弱光下进行，研磨时间尽量短些。

（2）色素提取液不能浑浊，否则将影响吸光度测定。如果浑浊，应重新过滤。

（3）色素吸光度测定前，应按仪器说明及标准叶绿素 a、叶绿素 b 对分光光度计的波长进行校正，否则影响叶绿素含量的测定精度。

四、课堂作业

计算不同植物各色素含量及比例，并对存在的差异进行分析。

五、思考题

1. 叶绿素 a 和叶绿素 b 在红光区和蓝光区都有吸收峰，可否在蓝光区的吸收峰波长下进行叶绿素 a 和叶绿素 b 的定量分析？原因何在？

2. 解释用分光光度法测定叶绿素含量时首先标定仪器波长精确度的原因，试比较仪器标定与未标定的测定结果的误差。

实验二十　吲哚乙酸氧化酶活性测定

植物体内生长素的种类很多，其中吲哚乙酸（IAA）是植物体内普遍存在的一种生长素。植物体内 IAA 的含量，对于植物的生长、发育、衰老、脱落等均有重要意义。植物体内存在吲哚乙酸氧化酶，吲哚乙酸氧化酶氧化 IAA 使其失去活性，从而调节体内 IAA 的水平，影响植物生长。酶活力的大小可以其破坏 IAA 的速度即溶液中 IAA 减少的速度表示。

在无机酸存在下，IAA 能与 $FeCl_3$ 作用，生成红色的螯合物。该物质在 530nm 有最大吸收峰，由此引出 IAA 的定量测定法，此法可测出微克（μg）级的 IAA。

一、目的和要求

掌握比色法测定吲哚乙酸氧化酶活性的方法。

二、实验用品

1. 植物材料：大豆或绿豆种子。

2. 器具：分光光度计、离心机、恒温水浴锅、恒温箱、容量瓶、天平、研钵、离心管、试管、移液管、烧杯等。

3. 试剂。

（1）20mmol/L pH6.0 磷酸缓冲液（见附录 1）。

（2）1mmol/L 2, 4- 二氯酚溶液：称取 16.3mg 2, 4- 二氯酚，用蒸馏水溶解并用容量瓶定容至 100mL。

（3）1mmol/L 氯化锰（$MnCl_2$）溶液：称取 19.8mg $MnCl_2 \cdot 4H_2O$，用蒸馏水溶解并用容量瓶定容至 100mL。

（4）1mmol/L 吲哚乙酸溶液：称取 17.5mg IAA 用少量乙醇溶解，然后将其倒入盛有约 90mL 蒸馏水的 100mL 容量瓶中，定容至刻度。

（5）吲哚乙酸试剂 A 或 B（任备其中之一）。

试剂 A：15mL 0.5mol/L $FeCl_3$，300mL 浓硫酸（相对密度为 1.84），500mL 蒸馏水，使用前混合即成，避光保存。使用时于 1mL 样品中加入试剂 A 4mL。

试剂 B：10mL 0.5mol/L $FeCl_3$，500mL 35% 过氯酸溶液，使用前混合即成，避光保存。用时于 1mL 样品中加入试剂 B 2mL。

试剂 B 较试剂 A 灵敏，因此本实验用试剂 B。

（6）石英砂。

三、实验内容和方法

1. 吲哚乙酸氧化酶的制备

（1）将大豆或绿豆种子于 30℃ 恒温箱中萌发 3 ~ 4d，选取生长一致的幼苗，除去子叶和根，留下胚轴作材料。

（2）取 1 ~ 2 根下胚轴，称得质量，置研钵中，加入预冷的磷酸缓冲液 5mL，石英砂少许，置冰浴中研磨成匀浆。再按每 100mg 鲜重材料加入 1mL 磷酸缓冲液的比例，用磷酸缓冲液稀释匀浆液。4000r/min 离心 20min，所得上清液即粗酶液。

2. 标准曲线的制作

（1）配制吲哚乙酸（IAA）的系列标准溶液，其浓度分别为 0μg/mL、0.5μg/mL、1.0μg/mL、2.5μg/mL、5μg/mL、10μg/mL、15μg/mL、20μg/mL、25 μg/mL。

（2）取干燥洁净的试管 9 支，每支加入 4mL 试剂 B，再分别加入不同浓度的 IAA 溶液各 2mL，摇匀，于 30℃（黑暗）条件下保温 30min，使反应混合液呈红色。

（3）取反应液在 530nm 处测定 OD 值。以 IAA 浓度（μg/mL）为横坐标，OD 值为纵坐标绘制标准曲线或直接计算直线回归方程。

3. 吲哚乙酸氧化酶活性测定

（1）取 2 支试管并编号。于 1 号试管中加入 $MnCl_2$ 溶液 1mL、2, 4- 二氯酚溶液 1mL，1mmol/L 吲哚乙酸溶液 2mL、粗酶液 1mL 和磷酸缓冲液 5mL，混合均匀；2 号试管中，除粗酶液用 1mL 磷酸缓冲液代替外，其余成分相同。将 2 支试管置于 30℃恒温水浴中保温 30min。

（2）另取 2 支试管并分别编号 1′、2′，先于每支试管中加入 4mL 试剂 B，然后分别取（1）中反应混合液各 2mL 加入有试剂 B 的相应标记的试管中，小心混匀，于 30℃（黑暗）条件下保温 30min，使反应混合液呈红色。

（3）于 530nm 处测定 OD 值，根据 OD 值从标准曲线上查出相应的 IAA 浓度或从直线方程计算反应液中 IAA 的浓度。

（4）用对照管中 IAA 的量减去实验管中 IAA 的残留量，即得被酶分解的 IAA 的量。

4. 结果计算

以 1mL 酶液在 1h 内氧化的 IAA 量（µg）表示酶活力大小。

吲哚乙酸氧化酶活性 $[µg\ IAA/(g\ FW \cdot h)] = (C_1 - C_2) \times V \times V_T/(W \times t \times V_1)$

式中，C_1 为对照管在标准曲线上查得的 IAA 浓度（µg/mL）；

C_2 为测定管在标准曲线上查得的 IAA 浓度（µg/mL）；

V_T 为酶液总体积（mL）；

V_1 为反应液中酶液的体积，本实验为 1mL；

V 为酶活性测定（1）中反应液总体积，本实验为 10mL；

W 为样品鲜重（g）；

t 为酶反应时间（h）。

【注意事项】

取材时去除子叶与胚根，取下胚轴。

四、课堂作业

试比较大豆（或绿豆）幼苗的胚轴和胚根中吲哚乙酸氧化酶活性大小。

五、思考题

1. 反应混合液为何加入氯化锰和 2,4-二氯酚？

2. 吲哚乙酸氧化酶在植物生长发育过程中一般起什么作用？为何在生产实践中一般不用 IAA，而用 α-萘乙酸（NAA）或 2,4-二氯苯氧乙酸（2,4-D）等生长调节剂？

实验二十一　种子生活力的快速测定

种子生活力是指种子能够萌发的潜在能力或种胚具有的生命力。它是决定种子品质和实用价值大小的主要依据，与播种时的用种量直接相关。以下几种方法能快速测定种子的正常代谢功能是否受到损害，胚是否存活，以了解种子是否具有发芽潜力。

目的和要求

掌握几种快速测定种子生活力的原理和方法。

Ⅰ 氯化三苯基四氮唑法（TTC 法）

凡有生命活力的种子胚部，在呼吸作用过程中都有氧化还原反应，而无生命活力的种胚则无此反应。2，3，5- 三苯基四氮唑（TTC）是无色的，可被氢还原成红色的三苯甲腙（TTF）。应用 TTC 溶液浸泡种子，使之渗入种胚细胞内，如果胚具有生命力，其中的脱氢酶就可将 TTC 作为受氢体使之还原成三苯甲腙而呈红色，如果胚死亡便不能染色。

一、实验用品

1. 植物材料：玉米、大麦、小麦等种子。
2. 器具：恒温箱、天平、培养皿、烧杯、刀片、镊子等。
3. 试剂。

0.5%TTC 溶液：称取 0.5g TTC 放在烧杯中，加入少许 95% 乙醇溶液使其溶解，然后用蒸馏水稀释至 100mL。溶液避光保存，若变红色，即不能再用。

二、实验内容和方法

（1）浸种：将待测种子在 30 ～ 35℃温水中浸种（玉米 5h，大麦、小麦 6h 左右），使种子充分吸胀。

（2）显色：取吸胀的种子 100 粒，用刀片沿种子胚的中心线纵切为两半，将其中的一半置于 2 个培养皿中，每皿 50 个半粒，加入适量的 0.5%TTC 溶液，以覆盖种子为度。然后置于 30℃恒温箱中 1h。观察结果，凡胚被染为红色的是活种子。将另一半种子在沸水中煮 5min 杀死胚，作同样染色处理，作为对照观察（图 4-2）。

（3）计算活种子的百分率。

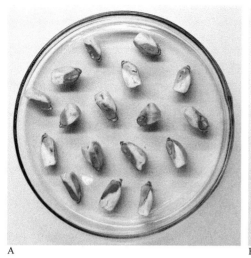
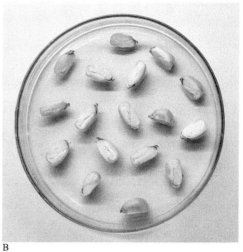

A   B

图 4-2 TTC 法测定种子活力结果
A. 活种子;B. 死种子

II 溴麝香草酚蓝法(BTB法)

凡生活细胞必有呼吸作用,吸收空气中的 O_2 放出 CO_2。CO_2 溶于水成为 H_2CO_3,H_2CO_3 解离成 H^+ 和 HCO_3^-,使得种胚周围环境的酸度增加,可用溴麝香草酚蓝(BTB)来测定酸度的改变。BTB 的变色范围为 pH6.0~7.6,酸性呈黄色,碱性呈蓝色,中间经过绿色(变色点为 pH7.1)。色泽差异显著,易于观察。

一、实验用品

1. 植物材料:玉米、小麦等种子。

2. 器材:恒温箱、天平、烧杯、培养皿、漏斗、剪刀、镊子、刀片、滤纸等。

3. 试剂。

(1)0.1%BTB 溶液:称取 BTB 0.1g,溶解于煮沸过的自来水中(配制指示剂的水应为微碱性,使溶液呈蓝色或蓝绿色,蒸馏水为微酸性不宜用),然后用滤纸滤去残渣。滤液若呈黄色,可加数滴稀氨水,使之变为蓝色或蓝绿色。此液贮于棕色瓶中可长期保存。

(2)1%BTB 琼脂凝胶:取 0.1%BTB 溶液 100mL 置于烧杯中,将 1g 琼脂剪碎后加入,用小火加热并不断搅拌。待琼脂完全溶解后,趁热倒在数个干燥洁净的培养皿中,使成一均匀的薄层,冷却后备用。

二、实验内容和方法

（1）浸种：同 TTC 法。

（2）显色：取吸胀的种子 100 粒，整齐地埋于准备好的琼脂凝胶培养皿中，种胚朝下平放，间隔距离至少 1cm。然后将培养皿置于 30 ～ 35℃下培养 1 ～ 2h，在蓝色背景下观察，如种胚附近呈现较深黄色晕圈是活种子，否则是死种子。用沸水杀死的种子作同样处理，进行对比观察（图 4-3）。

（3）计算活种子百分率。

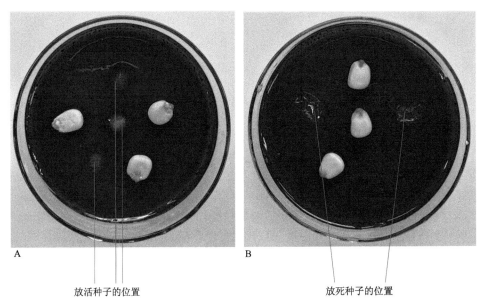

放活种子的位置   放死种子的位置

图 4-3 BTB 法测定种子活力结果
A. 活种子；B. 死种子

Ⅲ 红墨水染色法

有生命活力种子胚细胞的原生质膜具有选择吸收外界物质的能力，一般染料不能进入细胞内，胚部不染色。而丧失生命活力的种子，其胚细胞原生质膜丧失了选择吸收能力，染料可自由进入细胞内使胚部染色，所以可根据种子胚部是否被染色来判断种子的生活力。

一、实验用品

1. 植物材料：玉米、小麦等种子。
2. 器材：恒温箱、烧杯、培养皿、镊子、刀片等。

3. 试剂：5% 红墨水。

二、实验内容和方法

（1）浸种：同 TTC 法。

（2）染色：取已吸胀的种子 100 粒，沿胚的中线切为两半，将其中一半置于培养皿中，加入 5% 红墨水（以淹没种子为度），染色 10 ～ 15min（温度高，时间可短些）。倒去红墨水，用水冲洗多次，至冲洗液无色为止。检查种子死活，凡种胚不着色的为活种子，而种胚与胚乳均着色的为死种子。可用沸水杀死另一半种子作对照观察（图 4-4）。

（3）计算有生活力种子的百分率。

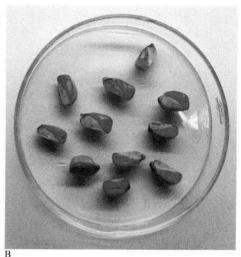

图 4-4 红墨水染色法测定种子活力结果
A. 活种子；B. 死种子

Ⅳ 纸上荧光法

具有生活力的种子和已经死亡的种子，它们的种皮对物质的透性不同，而许多植物的种子中又都含有荧光物质。利用对荧光物质的不同透性来区分种子的死活，方法简单，特别是对十字花科植物的种子，尤为适用。

一、实验用品

1. 植物材料：油菜、白菜等十字花科植物的种子。
2. 器具：紫外荧光灯、镊子、培养皿、滤纸（无荧光）等。

二、实验内容和方法

（1）将完整无损的种子（油菜、白菜等十字花科植物）100 粒，于 25 ～ 30℃水中浸泡 2 ～ 3h。

（2）把已吸胀的种子，以 3 ～ 5mm 间隔整齐地排列在培养皿中的湿滤纸上，滤纸上水分不能过多，以免荧光物质流散彼此影响。培养皿不必加盖，放置1.5 ～ 2h，取去种子，将滤纸阴干。取出的种子仍按原来顺序排列在另一培养皿中（以备验证）。

（3）将阴干的滤纸置于紫外荧光灯下观察。观察如能在暗室中进行，则效果更好。在放过种子的位置上如见到荧光圈，则为死种子。如要确证它们是死种子，可将对应排列在另一培养皿中的这些种子拣出来，集中在一只培养皿的湿滤纸上，而让不产生荧光圈的种子留在培养皿中，维持湿度，让其自然发芽。

（4）3 ～ 4d 后记录培养皿中发芽种子数。

此方法的成败，首先取决于种子中荧光物质的存在，其次取决于种皮的性质。有些种子无论有无发芽能力，一经浸泡，即有荧光物质透出，大豆即属此类；有些种子由于种皮的不透性，无论种子死活，都不产生荧光圈，许多植物的种子都会有这种现象，此时只要用机械方法擦伤种皮，可重复验证。相反，有时由于收获时受潮，种皮已破裂，也会产生荧光圈，实验时都应该注意。最好将浸泡液进行检查，没有荧光则适于本实验。

课堂作业

试比较 TTC 法、BTB 法和红墨水染色法测定的结果是否相同。为什么？

思考题

1. 实验结果与实际情况是否相符？为什么？

2. 就你所知还有哪些快速方法，可以测定种子的生活力？

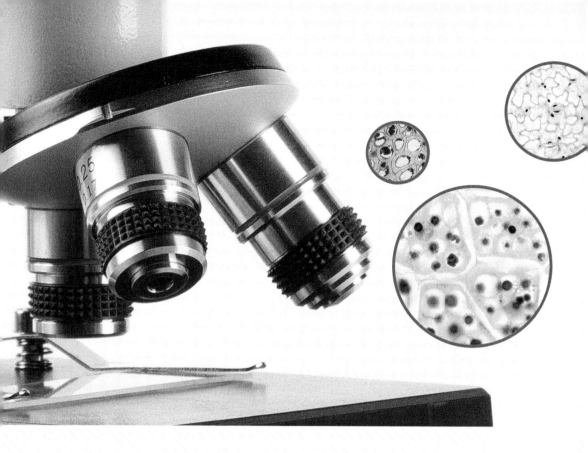

第二部分
拓展性实验与实践

第五章
探究性实验

实验一　植物叶片形态和解剖结构
对生态环境的适应

一、目的和要求

1.掌握不同植物叶片形态和解剖结构对生长环境的适应性变化。

2.理解叶片形态结构与生理功能的关系。

二、实验用品

1.植物材料：旱生植物、中生植物、水生植物的叶片；阳性植物和阴性植物的叶片；盐生植物的叶片。

2.器具：切片机、鼓风式干燥箱、恒温箱、通风橱、电子天平、显微镜、解剖镜、数码相机、放大镜、镊子、解剖针、测微尺、手术刀、广口瓶、乳胶手套、量筒、搪瓷盘、小木块、吸管、载玻片、盖玻片、毛笔、染缸、培养皿、吸水纸、小烧杯、自封袋等。

3.试剂：蒸馏水、甲醛、冰醋酸、乙醇、二甲苯、石蜡、明胶、甘油、中性树胶等。

三、实验内容和方法

（1）采集不同生境同一叶位的植物叶片三份。一份装入自封袋中，冷藏保存，带回实验室后用解剖镜观察表皮毛和气孔；一份放于方格纸或其他有参照标尺的纸上，用相机进行拍照（便于后期叶面积、叶长和宽的测定），观察记录叶片外部形态，并用测微尺测定叶片厚度，最后装入信封中；一份经过清洗、整形和晾干处理后放入福尔马林-乙酸-乙醇（FAA）固定液中固定，用于叶片解剖结构的观察。

（2）取自封袋保存的植物叶片，先在解剖镜下观察是否有表皮毛以及表皮毛的类型，然后用镊子分别撕取上表皮和下表皮，制成临时水装片，观察气孔的类型、数目和分布。

（3）取信封保存的植物叶片，在鼓风式干燥箱中烘干 72h，用电子天平称重(g)。

（4）取 FAA 固定液保存的植物叶片，按石蜡切片法制备叶片横切永久制片，观察其解剖结构。

（5）取已拍照的植物叶片照片，导入 Image J 软件，以参照标尺进行校准后，分别测定叶面积及叶片长度和宽度。填写表 5-1。

表 5-1　不同生境植物叶片的外部形态和解剖结构

项目		植物名称
叶片外部形态	叶片形状	
	叶尖形状	
	叶基形状	
	叶缘形状	
	叶脉类型	
	叶片长度和宽度/cm	
	叶片厚度/μm	
	叶面积/cm²	
	比叶面积/（cm²/g）	
表皮	表皮毛的有无	
	表皮毛类型	
	角质层厚度	
	上表皮气孔数	
	下表皮气孔数	
	气孔类型	
	气孔的分布	
	表皮细胞层数	
叶肉	等面叶或异面叶	
	栅栏组织层数	
	栅栏组织长度	
	海绵组织层数	
	海绵组织长度	
	海绵组织分枝数	
叶脉	叶脉的分布	
	木质部与韧皮部的比例	
	维管束鞘层数	
	维管束鞘与叶肉的关系	
	是否具维管束鞘延伸	

四、思考题

1. 从结构与功能相统一原则说明干旱环境对植物叶片解剖结构的影响。
2. 旱生植物叶片与水生植物叶片有何区别？
3. 试述叶的外部形态与生长环境之间的关系。
4. 阳性植物叶片与阴性植物叶片在解剖结构上的区别。

实验二　植物物候期观测与记录

一、目的和要求

1. 掌握植物物候期的观测和记录方法。
2. 理解物候期在农作物栽培及观赏植物引种驯化和栽培中的重要意义。

二、实验用品

1. 植物材料：校园及周边常见的木本植物和草本植物。
2. 器具：直尺、温度计、放大镜、镊子、记录本等。

三、实验内容和方法

1. 观测方法

根据当地自然环境条件，选择生长健壮、分布或种植较为广泛的木本植物和草本植物（一年生和多年生）种类，进行定株、定时观测。

定株观测：对生长于不同地点或不同生境同一种植物的不同植株进行长期连续观察。观察前，每株植物应做好标记，选择 3 ～ 5 个不同地点或生境的植株进行观察。

定时观测：对选择的植株一般每隔 1 周观测一次；如遇生长旺季，物候期短暂，观测次数可适当调整，必要时每天观测一次；随着生长的进行，可每隔 3 ～ 5d 观测一次，到生长后期可每隔 7d 或更长时间观测一次。观察起止时间一般可从当年秋季到第二年夏季。

2. 观测内容

（1）木本植物观测：萌动期（芽膨大始期、芽开放期）、展叶期（展叶始期、展叶盛期）、开花期（花序或花蕾出现期、开花始期、开花盛期、开花末期、第二次开花期）、果熟期（形成期、成熟期、脱落始期、脱落末期）、叶秋季变色期（变色始期、全部变色期）和落叶期（落叶始期、落叶末期）。

（2）草本植物观测：萌动期、展叶期、花序或花蕾出现期、开花始期、开花盛期、开花末期、果实或种子成熟期、果实脱落期、种子散布期、第二次开花期、黄枯期。

（3）气候与气象资料观测：观察物候期的同时，记录气候条件的变化，一般应记录温度、光照、湿度、降雨量等。

3. 观测记录

根据观测内容和方法，填写植物物候期观测记录表（表 5-2）。

表 5-2　植物物候期观测记录表

物候期	观测项目	日期及地点	气候因子（温度、光照、湿度、降雨量）	植物种类名称				
				植株1	植株2	植株3	植株4	植株5
萌动期	芽膨大始期							
	芽开放期							
展叶期	展叶始期							
	展叶盛期							
开花期	花序或花蕾出现期							
	开花始期							
	开花盛期							
	开花末期							
	第二次开花期							
果熟期	形成期							
	成熟期							
	脱落始期							
	脱落末期							
叶秋季变色期	变色始期							
	全部变色期							
落叶期	落叶始期							
	落叶末期							
种子散布期								
黄枯期								

四、思考题

1. 通过物候期观测，总结影响植物物候期的主要因素。

2. 不同地点或生境不同种植物物候期有何不同？

3. 总结木本植物和草本植物物候期变化规律。

实验三　变态营养器官观察

一、目的和要求

掌握被子植物营养器官基本形态特征，并能正确运用形态学术语加以描述。

二、实验用品

1. 植物材料：变态根材料：萝卜、胡萝卜、甘薯、玉米、扶芳藤、菟丝子等；变态茎材料：仙人掌、月季、山楂、马铃薯、白茅、莲藕、南瓜、荸荠、洋葱等；变态叶材料：叶子花、酸枣、豌豆、百合、洋葱、大蒜、水仙、猪笼草等。

2. 器具：显微镜、解剖镜、放大镜、镊子、解剖针、刀片等。

三、实验内容和方法

1. 变态根的观察

1）肉质直根　　由直根系的主根贮藏养分后增粗、增大形成。因此，一株植物上只能形成一个肉质直根。取萝卜的变态根，观察其外形，可见萝卜主根肥大，肥大主根下部有小而量少的小侧根；上半部颜色发绿的部位是幼苗下胚轴发育来的，这部分没有发生侧根。这两部分经过强烈的次生生长和三生生长，形成一个统一的肉质直根。所以，萝卜肉质直根是由主根和胚轴共同构成的。

肉眼观察萝卜和胡萝卜直根横切片，区分周皮、皮层、形成层、韧皮部和木质部，注意比较它们的营养物质贮藏部位、主要食用部分，以及二者形成层的位置有何不同。

2）块根　　由侧根或不定根经过增粗生长膨大发育而成。因此在一株植物上，可以形成许多块根，如甘薯、麦冬、大丽菊等。

3）气生根　　生长在地面以上、空气中的各种不定根。根据作用不同，又可分为支持根、攀缘根和呼吸根。

（1）支持根：有支持植物体的功能，如玉米、高粱、甘蔗、龟背竹、吊兰等。在玉米茎基部节上发生的许多不定根，伸长后又插入土壤中起支持作用。生长在我国南方的榕树，在茎干上产生许多下垂的气生根，进入土壤后，经过次生生长成为木质支柱根，也属于支持根。观察玉米的根，注意其靠近地面的节上发出的支持根。

（2）攀缘根：在细长的茎上，可生长许多气生根。由于能分泌黏液，故有固着于他物之上而向上攀登的能力，也称攀援根，如扶芳藤、常春藤、络石等。观察扶芳藤，注意其茎上生长的具攀缘作用的气生根。

（3）呼吸根：一些生长在海滩和湖沼的植物，由于在泥水中呼吸困难而产生部分垂直向上伸出地面的呼吸根，如红树等。观察红树的图片或幻灯。

4）寄生根　如菟丝子、桑寄生、槲寄生等植物的根。叶退化成小鳞片，不能进行光合作用，只能借助于茎上特化为吸器的寄生根伸入寄主茎内，吸收寄主营养物质。

2. 变态茎的观察

1）地上茎的变态

（1）肉质茎：茎肥大多汁，常为绿色，有扁圆形、柱状球形等多种形态，既可贮藏水分和养料，也可进行光合作用，如仙人掌、仙人球等。

（2）叶状枝：茎变态成绿色的叶状体，叶完全退化或不发达，而由叶状枝代替叶，其上有明显的节和节间，能进行光合作用，如竹节蓼、假叶树、文竹、天门冬等。

（3）茎卷须：茎变态成卷须，多发生在叶腋，如黄瓜、南瓜等。亦有些植物的茎卷须在生长后期的位置会发生扭转，如葡萄的茎卷须是由顶芽形成的，然后腋芽代替顶芽继续发育，向上生长，使茎成为合轴式生长，因而将茎卷须挤到与叶相对的位置上。

（4）枝刺和皮刺：由腋芽发育成具保护功能的刺，称为枝刺或茎刺，如柑橘、山楂、皂荚等。有些植物的刺是由表皮变成的，称为皮刺，如蔷薇、月季等。

2）地下茎的变态

（1）根茎：匍匐生长于土壤中，外形很像根，但具有明显的节和节间，节上有鳞片状退化的叶，常呈膜状，其内方生有腋芽，可发育成地上枝或地下分枝，同时节上还有不定根，如芦苇、竹类、白茅、鸢尾、姜、莲的地下茎等，都有繁殖作用。

（2）块茎：实际上是节间短缩的地下茎的变态。取马铃薯块茎观察，其上有顶芽，叶退化脱落后留有叶痕，其腋部是凹陷的芽眼，每个芽眼内有1至多个腋芽，所以块茎是茎的变态，有叶痕和芽眼处就是节，纵向两芽眼之间为缩短的节间。再观察马铃薯块茎横切片并配合实物标本横切，注意它的内部结构：包括周皮、皮层、外韧皮部、形成层、木质部、内韧皮部和髓等，与茎基本一致。

（3）球茎：为球形或扁球形肉质地下茎或半地下茎，节和节间明显，如荸荠、慈姑等。

（4）鳞茎：观察洋葱头纵剖标本，可见其圆盘状地下茎，节间极度缩短，顶端有一个顶芽，称鳞茎盘。上面着生许多层鳞叶，叶腋可生腋芽，如水仙、百合、大蒜等。注意大蒜鳞茎与其他三种有所不同。

3. 变态叶的观察

1）苞片和总苞　　生于花下的变态叶，称苞片，一般较小，呈绿色，但亦有大型的苞片可呈各种颜色，如叶子花、一品红。位于花序基部的许多苞片，总称为总苞，如菊科植物。

2）叶刺　　叶和托叶变态为刺状，如仙人掌类植物肉质茎上的刺，小檗属茎上的叶刺，洋槐、酸枣叶柄两侧的托叶刺。

3）叶卷须　　叶或叶一部分变态为卷须，如豌豆和野豌豆羽状复叶先端的一些小叶片变成卷须，菝葜属植物的托叶变成卷须，都称为叶卷须。

4）鳞叶　　叶特化或退化成鳞片状，如包在鳞芽外的芽鳞，如百合、洋葱、大蒜、水仙等，它们鳞茎上的肉质肥厚叶片，称为鳞叶。

5）捕虫叶　　有些植物的叶变态成盘状或瓶状，为捕食小虫的器官，称捕虫叶。具有捕虫叶的植物叫食虫植物，如猪笼草。

4. 观察记录

根据观察的方法和内容，填写变态营养器官观察记录表（表5-3）。

表 5-3　变态营养器官观察记录表

植物名称	根变态类型	茎变态类型	叶变态类型

四、思考题

1. 试述营养器官形态特征在植物系统分类中的作用和意义。

2. 试述植物营养器官变态类型的来源及其作用。

实验四　植物花粉形态多样性观察

一、目的和要求

1. 掌握植物花粉的制片技术。
2. 了解花粉（或孢子）壁结构的观察和分析方法。

二、实验用品

1. 植物材料：植物腊叶标本或校园及周边开花的植物。
2. 器具：显微镜、解剖镜、水浴锅、载玻片、盖玻片、吸水纸、放大镜、测微尺、玻璃棒等。
3. 试剂：蒸馏水、冰醋酸、乙酸酐和硫酸（9：1）混合液、甘油、加拿大树胶或中性树胶等。

三、实验内容和方法

1. 花粉的采集及处理

1）花粉采集　　花粉样品主要是来自标本室腊叶标本或从生活植物体上采集。采前要搞清植物的科、属、种名称。若从野生植物上采集，由于不能立刻确定植物名称，可采一个带花标本以便鉴定。采样时尽量采取即将开放的花。

2）处理方法　　光学显微镜下花粉的观察多采用额尔特曼的冰醋酸法处理样品，步骤如下。

（1）将花粉放入试管，加少量冰醋酸，用玻璃棒捣碎，待作用后离心，倒去上面的液体。

（2）在试管中加乙酸酐和硫酸（9：1）混合液 5～8mL，放在水浴锅中加热（80～90℃）3～5min，而后取出一滴在显微镜下检查，当花粉原生质已被去掉，外壁及孔沟清晰时即停止处理。

（3）在试管中加水离心清洗三次，而后甘油保存。

（4）制片：常用加拿大树胶或中性树胶封片，制成永久固定片保存。

2. 花粉的形态特征

不同植物花粉形态千姿百态，结构各不相同，其在四分体中排列的方式主要有四面体型和四方型。四面体型排列的，其外形常为圆三角形和圆形；四方型排列的，其外形多为豆形、椭圆形等。

1）花粉的极性　　一般种子植物的花粉都有各自固定的几何形态，而人们为了方便对花粉展开研究，假设每一个花粉四分体的中心点为单个花粉的近极点，而由近极点和每一个花粉中心点之间的连线延长到外面的交点为远极点。近极点和远极点之间的连续则为极轴。通过每一个花粉中心而垂直于极轴的线为赤道轴，而赤道轴所在平面称为赤道面。以赤道面为界靠近近极的一面为近极面，而靠近远极的一面为远极面。

2）花粉形状和大小　　绝大部分种子植物的花粉形状各不相同，这一方面取决于四分体排列的方式，另一方面取决于萌发器官的类型。根据极轴和赤道轴的比例关系，可将花粉形状分为五类（表 5-4）。

表 5-4　花粉的形状

形状	极轴/赤道轴	比值
超长球形	78：4	>2
长球形	8：7～8：4	2～1.14
近球形	7：8～8：7	1.14～0.88
扁球形	4：8～7：8	0.88～0.50
超扁球形	<4：8	<0.50

花粉粒的大小是指孢粉范围内的相对大小，裸子植物的花粉大小在中等到大之间，被子植物花粉大小多在中等到小之间。通常花粉大小可分为六级（表 5-5）。

表 5-5　花粉大小分级

花粉大小分级	直径	举例
很小	<10μm	如勿忘草属
小	10～25μm	如桦属
中等	25～50μm	如矢车菊属
大	50～100μm	如紫萁属
很大	100～200μm	如云杉属
极大	>200μm	如蕨类植物大孢子

3）花粉的萌发器官　　花粉的萌发器官是花粉的重要形态特征，萌发器官的数目、位置和特征是花粉形态分类的主要依据。

（1）萌发器官不明显：花粉外壁表面上看不出明显的孔、沟裂缝结构，只在花粉壁某一区域外壁变薄，该区域也是花粉萌发的地方，称为薄壁区。

（2）具孔的萌发器官：花粉壁上具圆形开口，花粉由此萌发，而不同属种花粉，孔在外壁上的位置、数目、结构各不相同，因此孔的特征也是鉴定花粉的重要依据之一。

（3）具沟的萌发器官：沟与孔不同之处在于沟为纵向延长凹沟，一方面作为花粉的萌发器官，另一方面随着湿度大小变化起着调节花粉体积大小的作用。花粉粒上的沟同样也是鉴定花粉的重要特征。

4）花粉壁的构造

（1）花粉壁的层次和结构：花粉壁的层次一般是指在显微镜下较易看到的分层情况以及从化学成分上的分层情况。花粉壁结构是指花粉壁内物质的结构。

花粉内壁：花粉壁最里面的一层，由纤维素组成。在酸碱作用下常被破坏，所以在化石中和经过酸碱处理的花粉均不保存内壁。

花粉外壁：花粉壁中结构较复杂的一层，因耐酸碱而不被破坏，在化石中能很好地保存下来。显微镜下一般可明显看到花粉外壁的两个基本层次，里面一层为外壁内层，该层不具雕纹；外壁外层具雕纹，可分为柱状层和覆盖层。

周壁：周壁是覆盖于外壁上面的一层薄膜状物质。花粉上一般不具周壁，只在某些孢子上才有，而且周壁和外壁接触不十分紧密，经酸碱处理后容易脱落。

（2）外壁纹饰：细分花粉属种的重要特征之一，纹饰类型受花粉外壁外层分子的排列方式及覆盖层上突起的类型所制约。覆盖层上的突起变化所形成的纹饰（如瘤、网、颗粒等）称为雕纹。由于外壁外层分子（柱状层）排列方式不同而反映在表面上的各种纹饰称为肌理，同样也可形成瘤、网、颗粒等纹饰。

3. 花粉的描述

正确描述花粉的形态特征对于花粉资料在植物分类研究中的应用至关重要。下面仅举两例帮助学生描述实验观察的结果，将采集的植物种类的花粉形态特征描述填入表5-6。

1）苦苣菜 *Sonchus oleraceus*　　花粉近球形，极面观4裂圆形，有小极板。大小为36.6（30.0～38.4）μm×38.4（33.4～41.5）μm。花粉4孔沟，有21网孔，沟长约20.0μm，外壁厚约6.8μm，刺长约4.6μm。

2）马鞭草 *Verbena officinalis*　　花粉扁球形，极面观不规则六边形。大小为31.2（28.6～33.8）μm×36.4（33.8～39.0）μm。花粉3孔沟，表面细网状，外壁厚2.2～2.6μm。

表 5-6 花粉形态特征描述

植物种类	花粉形状	极面观	花粉大小/μm	花粉沟、孔的数量	花粉沟、孔的大小/μm	表面纹饰	外壁厚度/μm

四、思考题

1. 如何制作花粉制片？
2. 试述孢粉特征在植物系统分类中的作用和意义。

实验五　校园植物种类调查与辨识

一、目的和要求

1. 学会植物种类外部形态的观察和记录方法。
2. 掌握植物标本的采集、制作及鉴定方法。
3. 认识校园常见植物种类。

二、实验用品

枝剪、镊子、放大镜、海拔仪、GPS、数码相机、台纸、标本夹、吸水纸、采集袋、采集号牌、野外记录标签、铅笔、植物志、植物图鉴等。

三、实验内容和方法

1. 调查时间与地点

不同植物开花、结果的季节不同。北方地区调查时间一般从当年 3 月开始至 11 月结束，南方地区每个月均需进行调查。调查频次为每月两次，在植物生长旺季的 7 ～ 8 月，调查频次适当增加，避免遗漏或缺失用于植物种类鉴定的关键性状。

调查前可将校园按规划或位置划分为若干个区域，熟悉每一个区域的名称，然后按区域进行植物种类调查和记录。

2. 调查分组

调查小组一般由 5 名学生组成，1 名负责采集，1 名负责拍照，1 名负责记录，2 名负责压制标本。调查工具需根据每名学生承担的任务于调查前准备好并分别携带。调查过程中，5 名学生的调查角色和任务可相互轮换，以便熟悉不同环节的内容和方法。

3. 植物种类的观察

调查时，首先应对未知植物种类详细观察并做好记录。对被子植物来说，需要从生长习性、根、茎、叶、花/花序、果实和种子等方面进行认真、详细的观察和记录；对裸子植物来说，需要观察树皮、叶形、叶着生方式、雄球花、雌球花或球果、种子等特征；对蕨类植物来说，需要观察叶着生方式、根状茎及其上的附属鳞片、孢子囊、囊群盖等特征。对于难以用肉眼观察的某些特征，需要借助放大镜、镊子等工具完成观察和解剖。在观察过程中，学生通过不断查阅植物分类形态学术语，熟悉植物种类的观察和记录方法。

4. 植物标本的采集、压制、制作和鉴定

植物标本的采集、压制和整形贯穿于调查的始终，是后期标本制作和鉴定的关键。

1）标本的采集　　对草本被子植物来说，一份采集合格的标本应尽可能包括根、茎、叶、花、果实和种子；对于木本被子植物来说，应包括枝干、叶片、花、果实和种子等部位；对裸子植物来说，应包括枝条、叶、雄球花、雌球花或球果等；对蕨类植物来说，应包括根、根茎、孢子叶、孢子囊等部位。

标本采集后，须立即挂上采集号牌，并尽可能早地进行压制，否则会因植物萎蔫失水影响标本质量和后期鉴定。每个采集小组进行标本采集时需连续编写采集号（如 SK2019001、SK2019002、SK2019003…），同一居群的标本应给予同一编号，不同采集时间和地点的标本需重新编号，同时填写在采集号牌和采集记录标签上，每份标本上均要系上采集标签，以免差错。采集标签上需标明采集人、采集时间、采集地点、生境、海拔、经纬度、采集日期等信息。野外采集记录是植物标本必不可少的补充。一份标本价值的大小，常以野外记录详尽与否作为评判标准。野外采集过程中，除需记录植物的产地、生境、海拔、采集时间等信息外，还需记录气味、汁液、花果颜色、腺毛等在标本压制后容易消失或变化的特征，这对后期鉴定有很大帮助。

标本采集注意事项如下。

（1）注意标本采集的完整性。除采集植物营养器官外，还应采集花和果实，因为花和果实是鉴定植物的重要依据。

（2）注意采集健康的植株作标本。健康植株是指那些没有病虫害、植物体各部分生长良好的植株。一方面为了保证标本各性状的完整、准确，另一方面为了使标本能长期保存。

（3）乔木、灌木或高大的草本植物，只能采其枝条或植株一部分。采集此类标本应注意所采集的部分能代表该植物的一般特征，需对未采集的其他部分进行详细记录，同时拍一张该植物的全形照片，以补标本之不足；草本植物应采集带根的全草。对于同时具有基生叶和茎生叶的植物，要注意采基生叶；对于高大草本，采下后可将植株折成"V"或"N"形，然后再进行压制，也可选取该植株的上段、中段、下段具代表性的部分，合并压制，但要注意每个部分悬挂同一个采集号标签。

（4）藤本植物采集时剪取中间一段，但应注意该段能够表示它的藤本性状。

（5）雌雄异株植物，应分别采集雄株和雌株。

（6）对一些具有地下茎的植物（如百合科植物、天南星科植物、赖草等），必须注意采集其地下部分（如根茎、鳞茎、球茎、块茎等），否则影响鉴定。

（7）水生草本植物（如金鱼藻、水毛茛等）提出水后，很容易缠成一团，不易分开。遇此情况，可用硬纸板在水中将其托出，连同纸板一起压入标本夹内，这样可保持其形态特征的完整性。

（8）对于先花后叶植物（如玉兰、山桃等），需先采集其花枝，待叶和果实长出后，再补充采集，但要注意两次采集需编不同的采集号。

（9）有些木本植物（如白桦、白皮松等）的树皮颜色和剥裂情况是鉴别植物种类的依据之一，因此应剥取一块树皮附在标本上。

（10）对于寄生植物（如菟丝子、列当等），应注意连同寄主一起采集，同时压制，并标明寄主、寄生植物。

2）标本的压制和整形　　采集的新鲜标本压制时需先进行适当整形，剪去多余密迭的枝叶，以免互相遮盖，使标本不易干燥，影响观察。如果所采集的植物叶片太大，可沿中脉一侧剪去全叶的40%，并保留叶尖；若为羽状复叶，则可将叶轴一侧的小叶剪短，保留小叶基部和羽状复叶的顶端小叶；对一些肉质植物，如景天科、天南星科种类，在压制前，应先放于沸水中煮 5～10min，然后按一般方法压制；对于有球茎、块茎、鳞茎的植物，除用开水杀死外，还要切除一半，再压制。

野外最新采集并经初步压制的植物标本往往较湿，如不及时更换吸水纸，容易变黑，发霉，叶片也易脱落。标本压后第一次换纸时，标本已失水变软，此时需要对标本再次整形，如果等标本快干了再去整形，就容易折断。整形时，需将过多的重叠枝叶剪去，折皱的叶和花瓣需适当展开，部分叶片的背面朝上，以便在标本制成后能同时观察到叶两面的特征。剪下或脱落的花、果、叶应收集到小纸袋中，写上采集号，与原标本放在一起，以备将来解剖观察之用。在换纸、压标本时，植物的根或粗大部分要经常调换位置，不可都集中在一端，致使高低不匀，同时要注意尽量把标本向四周铺展，不能都集中在中央，否则会形成四周空而中央凸起很高，致使标本压不好。新压制的植物标本，前 3d 应每天换纸两次，3d 后每天换一次，直至标本完全干燥为止，换下的湿纸应放阳光下晾晒或烘箱中烘干。除了采用更换吸水纸的方法干燥标本外，也可用植物标本烘干器或暖风机干燥标本。植物标本烘干器或暖风机均需与瓦楞纸相结合才能达到快速干燥的目的。野外标本采集中，可结合使用两种方法，如先用吸水纸法压制 2d，整理成形后，再用烘干法一次性干燥。

3）标本的制作和消毒　　野外采回的标本完全干燥后即可上台纸，制成腊叶标本，消毒后便于保存和使用。

上台纸的方法：将 41cm×30cm 白色台纸平整地放在桌面，然后将干燥好的标本放在台纸上，摆好位置，右下角和左上角应留出鉴定标签和野外记录标签的位置，这时便可用小刀沿标本各部的适当位置在台纸上切出小纵口，再用具有韧性的小纸条，由纵口穿入，从背面拉紧，并用胶水在背面贴牢。标本固定好后，应将野外记录标签和鉴定标签分别贴在左上角和右下角，最后还应在台纸上粘贴一张与台纸大小相同的硫酸纸以保护标本。野外采集或腊叶标本制作过程中脱落下来的花、果、种子等需用小纸袋包起来，贴在台纸的适当位置，以便后期鉴定使用。

腊叶标本的消毒：植物标本上台纸后还应进行消毒处理，消毒处理常用的方法有三种：① 把标本放进消毒箱内，将 O，O- 二甲基 -O-（2，2- 二氯乙烯基）磷酸酯（DDVP，敌敌畏）或四氯化碳与二硫化碳混合液置于玻璃培养皿中，利用毒气熏杀标本上的虫子或虫卵，约 3d 即可取出；② 将标本置于 -18℃的低温冰柜中冷冻 7d 即可取出；③ 将氯化汞（$HgCl_2$）配成 0.5% 乙醇溶液，用小刷子或毛笔直接将溶液涂在标本上或用小型喷壶直接喷洒在标本上晾干即可。

4）植物种类的鉴定　　采集的新鲜标本或制作的腊叶标本均需通过正确的鉴定给出拉丁学名和分类等级，这就需要在野外尽可能采集特征全面的植株并进行认真全面的观察和详细记录，进而才能利用植物志、检索表、植物生态图鉴等工具书对植物进行有效鉴定。植物志不仅包括科、属、种检索表，同时包括每个植物种类的特征描述、分布、生境、用途等信息。植物检索表主要用于科、属等级检索。植物志、检索表等工具书包含范围各有不同，使用时，需根据不同需要进行选择。最好是根据鉴定植物的产地确定植物志和检索表，如果要鉴定的植物采自河北，那么利用《河北植物志》《华北种子植物科属检索表》，就可高效快速解决问题。如果鉴定的植物未能被上述植物志、检索表所包括，那么可以考虑使用《中国植物志》《中国高等植物图鉴》《中国高等植物》《中国高等植物科属检索表》等。此外，也可选择已出版的原色植物图鉴辅助植物标本的核对。

拿到一份未确定名称的植物标本，按照以下 5 个步骤进行尝试，就可鉴定出植物名称：① 对植物标本仔细观察和解剖，详细记录观察到的形态特征；② 根据观察记录的特征，利用植物志的分科检索表检索植物所属的科；③ 根据科内分属检索表检索植物所在的属；④ 根据属内分种检索表查到种；⑤ 确定种的名称后，需对照该种的具体特征描述和插图进一步核实，如不符合，再重新检索，直到正确为止。

进行植物标本鉴定时，能否有效和正确鉴定植物的关键在于掌握植物检索表的使用方法。目前应用最多的是二歧分类检索表，检索原理是从两个相互对立的性状中选择一个相符合的，放弃一个不符合的。二歧分类检索表根据编排格式不同分为定距检索表和平行检索表。这两种检索表均将相对的特征编为同一个号，当标本特征符合其中一个特征时，就沿着往下查直至最终结果。由于植物生长的季节性，所采集的植物标本很可能存在一些特征缺失的情况（如没有花或果实），而编制的检索表大多以植物生殖器官性状为基准。遇到此类情况时，就需要沿两条相对性状同时往下查，直到一个明显不符合的特征为止，如果两条都符合，获得两个结果，此时则需要分别核对特征描述，做出判断。为了确保鉴定结果的正确性，一定要防止先入为主、主观臆测和倒查的倾向，同时也要杜绝看图识字的情况，初学者很容易对照植物志中的绘图主观确定植物种类。对于一些疑难种类，如伞形科、禾本科、莎草科、菊科蒿属、杨柳科柳属等，通过多次反复检索和特征核对仍不能正确鉴定时，则可寻求专家和学者帮助鉴定。确定正确的植物种类名称后，将采集记录标签贴于制作好的腊叶标本左上角，鉴定标签贴于右下角，并在腊叶标本上覆盖一层硫酸纸，以保护标本免受破坏。

5. 校园植物调查信息的记录

根据所调查的校园植物种类采集及鉴定信息，填写信息记录表（表 5-7）。

表 5-7　植物种类采集及鉴定信息表

序号	采集编号	采集人及采集日期	生境	海拔/m	科	属	种	拉丁学名	物候期	鉴定人	鉴定日期

四、思考题

1. 根据校园植物种类调查信息，查阅相关资料，统计校园资源植物的种类和用途。

2. 统计校园植物区系特征和科、属分布区类型。

3. 基于植物种类数量和分布特征，谈谈如何优化校园植物资源的空间配置。

实验六　植物群落物种多样性调查与分析

一、目的和要求

1. 熟悉植物群落物种多样性的调查方法。

2. 掌握常用物种多样性指数的计算方法。

3. 掌握常用数据统计分析方法。

二、实验用品

数码相机、计算器、枝剪、样方测绳（4m）、卷尺、软尺、铅笔、野外记录表、采集标签、标本夹等。

三、实验内容和方法

1. 样方选择

在校园或周边地区选择 3 个以上不同生境类型的区域，每个区域内分人工草地和撂荒地两种不同土地类型，分别选择 4 块草本样方作为调查对象，不同草本样方之间间隔至少 5m，在选定的位置用塑料绳围成 1m×1m 正方形样方。

2. 草本样方调查

识别每个 1m×1m 草本样方内的植物种类，对疑难或未知种类需要拍照或采集标本，以备后期鉴定。然后记录每个草本样方内的植物种类名称、多度（个体数量）、平均高度、种的盖度、物候期、生活力、样方总盖度，并将数据记录到表 5-8 中。

表 5-8 草本植物群落种类组成调查记录表

观测者：_____记录者：_____录入者：_____观测日期：_____年 ___月 ___日

调查区域	土地类型	样方号（1m×1m）	中文名	多度	平均高度/cm	种的盖度/%	物候期	生活力	东西方向冠幅/cm	南北方向冠幅/cm	样方总盖度/%

3. 物种重要值的计算

重要值（IV）是评价植物种群在群落中的地位和作用的一项综合性指标，按下式计算。

$$IV = RCO + RFE + RDE$$

式中，RCO 为相对盖度（%）；

RFE 为相对频度（%）；

RDE 为相对密度（%）。

计算样方中每种植物的重要值。

盖度指植物枝叶垂直投影所覆盖的面积占样方面积的百分比，相对盖度按下式计算。

$$RCO = \frac{C_i}{\sum C_i} \times 100$$

式中，C_i 为样方中第 i 种植物的盖度（%）；

$\sum C_i$ 为所有植物种盖度之和。

频度指某种植物在群落全部调查样方中出现的百分率，相对频度按下式计算。

$$RFE = \frac{F_i}{\sum F_i} \times 100$$

式中，F_i 为样方中第 i 种植物的频度（%）；

$\sum F_i$ 为所有植物种的总频度（%）。

密度指单位面积上某种植物的全部个体数目，相对密度按下式计算。

$$RDE = \frac{D_i}{\sum D_i} \times 100$$

式中，D_i 为样方内第 i 种植物的密度（株/m²）；

$\sum D_i$ 为群落所有植物群落密度的总和（株/m²）。

计算调查样方草本植物种类的相对频度、相对密度、相对盖度和重要值，填写表 5-9。

表 5-9　调查样方草本植物种类的相对频度、相对密度、相对盖度和重要值

调查区域	土地类型	样方号 （1m×1m）	植物种类	相对频度 （RFE）/%	相对密度 （RDE）/%	相对盖度 （RCO）/%	重要值 （IV）/%

4. 物种 α 多样性指数的计算

物种多样性是群落物种组成结构的重要指标，不仅反映群落组织化水平，也可通过结构与功能的关系间接反映群落功能的特征。α 多样性指数包含两方面含义：① 群落所含物种的多寡，即物种丰富度（species richness）；② 物种均匀度（species evenness），即一个群落或生境中全部物种个体数目的分配状况，反映各物种个体数目分配的均匀程度。测度 α 多样性采用物种丰富度、辛普森（Simpson）指数、香农-维纳（Shannon-Wiener）指数和皮洛（Pielou）均匀度指数。

辛普森指数（D）按公式 $D = 1 - \sum_{i=1}^{s} P_i^2$ 计算。

香农-维纳指数（H'）按公式 $H' = -\sum_{i=1}^{s} P_i \ln P_i$ 计算。

均匀度指数按以下两个公式计算。

皮洛均匀度指数 1：$J_{sw} = -\sum_{i=1}^{s} P_i \ln P_i / \ln S$

皮洛均匀度指数 2：$J_{si} = (1 - \sum_{i=1}^{s} P_i^2)(1 - 1/S)$

式中，P_i 为物种 i 的个体数占样地内总个体数的比例；

$i = 1, 2 \cdots S$；

S 为物种种类总数（个）。

计算调查草本植物样方的 α 多样性指数，填写表 5-10。

表 5-10 调查草本植物样方的 α 多样性

调查区域	土地类型	样方号（1m×1m）	物种丰富度	辛普森指数	香农-维纳指数	皮洛均匀度指数1	皮洛均匀度指数2

5. 数据统计分析

采用 SPSS 13.0（SPSS Inc.，2004，USA）对数据进行统计分析。独立样本 t 检验用于测试单个多样性指数在 2 个不同土地类型之间的差异显著性；单因素方差（One-way ANOVA）显著性检验后，采用 Tukey HSD 法检验单个多样性指数在不同调查区域之间的差异显著性；两因素方差分析（Two-way ANOVA）用于检验调查区域、土地利用类型及两者之间的交互作用对所测度多样性指数的影响。

四、思考题

1. 分析不同调查区域间或不同土地利用类型间植物物种多样性存在差异的原因。

2. 不同多样性指数计算结果是否存在差异？分析原因。

3. 植物种类多的群落是否物种多样性指数高？分析原因。

参考文献 References

贺学礼 . 2004. 植物学实验实习指导 . 北京 : 高等教育出版社

贺学礼 . 2017. 植物生物学 . 2 版 . 北京 : 科学出版社

金银根，何金铃 . 2017. 植物学实验与技术 . 2 版 . 北京 : 科学出版社

李小芳，张志良 . 2016. 植物生理学实验指导 . 5 版 . 北京 : 高等教育出版社

林凤，崔娜 . 2010. 植物学实验 . 北京 : 科学出版社

马三梅 . 2010. 观察植物细胞壁上初生纹孔场教学实验技术的改进 . 植物生理学通讯，46（3）：
    261-262

曲波，邵美妮，崔娜，等 . 2010. 利用红辣椒观察纹孔刍议 . 陕西教育（高教），6：64

汪矛 . 2003. 植物生物学实验教程 . 北京 : 科学出版社

汪小凡，杨继，宋志平 . 2019. 植物生物学实验 . 3 版 . 北京 : 高等教育出版社

王丽，关雪莲 . 2013. 植物学实验指导 . 2 版 . 北京 : 中国农业大学出版社

王学奎，黄建良 . 2018. 植物生理生化实验原理与技术 . 3 版 . 北京 : 高等教育出版社

许鸿川 . 2011. 植物学实验技术 . 2 版 . 北京 : 中国林业出版社

姚家玲 . 2017. 植物学实验 . 3 版 . 北京 : 高等教育出版社

尤瑞麟 . 2008. 植物学实验技术教程 . 北京 : 北京大学出版社

张秀玲 . 2006. 如何观察植物细胞的细胞壁 . 生物学教学，31（7）：50-51

附录 1 常用实验试剂的配制

一、固定液

1. 福尔马林－乙酸－乙醇固定液（FAA 固定液）

70% 乙醇溶液 90mL ＋冰醋酸 5mL ＋福尔马林（37% ~ 40% 甲醛溶液）5mL。

此液可以固定植物一般组织，但单细胞及丝状蓝藻不适用，也不适用于细胞学研究。幼嫩材料用 50% 乙醇溶液代替 70% 乙醇溶液，可防止材料收缩。久置时另加入 5mL 甘油以防蒸发和材料变硬。

2. 卡诺固定液

配方Ⅰ：无水乙醇 3 份＋冰醋酸 1 份。

配方Ⅱ：无水乙醇 6 份＋冰醋酸 1 份＋氯仿 3 份。

此液适用于植物组织和细胞学材料，是研究植物细胞分裂和染色体的优良固定液。固定时间不宜过久，不宜超过 24 h，对于根尖或花药的固定只需 30 ~ 60min。

3. 福尔马林－丙酸－乙醇固定液（FPA 固定液）

福尔马林 5mL ＋丙酸 5mL ＋ 50% 乙醇溶液 90mL。

此液用于固定一般的植物组织，通常固定 24h，也可长久保存。

4. 乙醇－福尔马林溶液

70% 乙醇溶液 100mL ＋福尔马林 2 ~ 6mL。

此液用于固定植物的一般组织，尤其适用于萌发花粉管的固定。通常固定 24h，也可长久保存。

5. 铬酸－乙酸混合液

根据固定对象不同，可分为下面三种不同的配方。

	配方Ⅰ	配方Ⅱ	配方Ⅲ
10% 铬酸水溶液	2.5mL	7mL	10mL
10% 乙酸水溶液	5.0mL	10mL	30mL
蒸馏水	92.5mL	83mL	60mL

配方Ⅰ适用于固定较柔嫩的材料，如藻类、真菌、苔藓植物和蕨类原叶体等。固定时间较短，一般数小时，最长可固定 12～24h，但藻类和蕨类原叶体可缩短到几分钟到 1h。

配方Ⅱ适用于根尖、茎尖、小的子房和胚珠等。为了易于渗透，可在此液中另加 2% 麦芽糖或尿素。固定时间为 12～24h 或更长。

配方Ⅲ适用于木质根、茎和坚韧的叶子、成熟子房等。为了易于渗透，可在此液中另加 2% 麦芽糖或尿素。固定时间为 12～24h 或更长。

6. 鲁哥氏液（Lugol's solution）

先将 6g 碘化钾溶于 20mL 蒸馏水中，搅拌溶解后加入 4g 碘，待碘溶解后加入 80mL 蒸馏水即成。此液最适宜固定浮游藻类，其使用浓度一般以 1.5% 为宜。

7. 李庆特氏液（Lichent's fluid）

1% 铬酸水溶液 15mL ＋冰醋酸 5mL ＋福尔马林 80mL。

此液适用于固定丝状藻类和真菌。

8. Kew 混合液

工业酒精 10 份＋福尔马林 1 份＋甘油 1 份＋水 8 份。

此液可用于浸制标本的固定保存。

9. 哥本哈根混合液

工业酒精 13 份＋甘油 5 份＋水 0.5 份。

此液可用于浸制标本的固定保存。

二、离析液

1. 铬酸－硝酸离析液

（1）10mL 铬酸加入 90mL 蒸馏水中。

（2）10mL 浓硝酸加入 90mL 蒸馏水中。

将上述两液等量混合备用。此液适用于对导管、管胞、纤维等木质化组织进行解离。

2. 盐酸－草酸铵离析液

甲液：70% 或 90% 乙醇溶液 3 份＋浓盐酸 1 份。

乙液：0.5% 草酸铵水溶液。

此液适用于草本植物薄壁组织的解离。

三、染色液

1. 番红染液

番红染液是一种碱性染料，可使木质化、栓质化和角质化细胞壁及细胞核中的染色质和染色体染成红色。在植物组织制片中常与固绿配合对染，是最常用的染剂之一。常用配方有下列两种。

（1）配方Ⅰ——番红水液：番红 0.1g 溶于 100mL 蒸馏水中，过滤后备用。

（2）配方Ⅱ——番红酒液：番红 0.5g 或 1g 溶于 100mL 50% 乙醇溶液中，过滤后备用。

2. 固绿染液

固绿是一种酸性染料，可使纤维素细胞壁和细胞质染成绿色，在植物组织制片中常与番红配合进行对染，是最常用的染剂之一。常见配方为固绿酒液：0.1g 固绿溶于 100mL 95% 乙醇溶液中。

3. 碘 – 碘化钾（I_2-KI）染液

取 3g 碘化钾溶于 100mL 蒸馏水中，再加入 1g 碘，溶解后即可使用。

4. 间苯三酚染液

将 5g 间苯三酚溶于 100mL 95% 乙醇溶液中（溶液呈黄褐色即失效）。

5. 铁醋酸洋红染液

先将 100mL 45% 乙酸水溶液放入 200mL 锥形瓶中煮沸，移去火苗，然后慢慢分多次加入 1g 洋红粉末（注意不要一下加入，以免溅沸）。待全部加入后，再煮 1～2min，并用棉线悬入一枚生锈的铁钉，过 1min 后取出，或加入氢氧化铁的 50% 乙酸饱和液 1～2 滴（不能多加，以免产生沉淀），使染色液略含铁质，以增强染色性能，过滤后，放棕色瓶中备用（贮藏应避免阳光直射）。如无洋红，可用地衣红代替，配法同上，且效果更好。

6. 钌红染液

取 5～10mg 钌红溶于 25～50mL 蒸馏水中即可。此液不易保存，应现用现配。

7. 苏丹Ⅲ（或Ⅳ）染液

先将 0.1g 苏丹Ⅲ（或Ⅳ）溶解在 50mL 丙酮中，再加入 70% 乙醇溶液 50mL。

8. 改良苯酚品红染液

原液 A：将 3g 碱性品红溶于 100mL 70% 乙醇溶液中，此液可长期保存。

原液 B：将 10mL A 液加入 90mL 5% 苯酚水溶液中（2 周内使用）。

原液 C：将 55mL B 液加入 6mL 冰醋酸和 6mL 38% 甲醛溶液中。

染色液：取 C 液 10mL，加 45% 冰醋酸 90mL，充分混合均匀，再加入 1.5g 山梨醇，放置两周后使用，可保存多年。

9. 甲紫染液

将 0.2g 甲紫溶于 100mL 蒸馏水中。现常以结晶紫代替。必要时可将医用紫药水稀释 5 倍后代用。

10. 中性红染液

将 0.1g 中性红溶于 100mL 蒸馏水中，用时稀释 10 倍左右。

11. 苏木精染液

苏木精染液的配方很多，常用的有三种配方。

（1）配方Ⅰ：苏木精水溶液。取 0.5g 苏木精溶于 100mL 煮沸的蒸馏水中，静置 1d 后即可使用。

（2）配方Ⅱ：代氏苏木精（Delarfield's haematoxylin）。

甲液：苏木精 1g ＋无水乙醇 7mL。

乙液：硫酸铵铝（铵钒）10g ＋蒸馏水 100mL。

丙液：甘油 25mL ＋甲醇 25mL。

分别配制甲、乙二液，将甲液一滴一滴加入乙液中，并不断摇动，放入广口瓶中，瓶口用纱布扎住，置于光线充足的地方 7 ～ 10d，再加入丙液，混匀后静置 1 ～ 2 个月，至颜色变成深紫色即可过滤备用，可长期保存。

（3）配方Ⅲ：爱氏苏木精（Ehrlich's haematoxylin）。

苏木精 1g ＋无水乙醇或 95% 乙醇溶液 50mL ＋蒸馏水 50mL ＋甘油 50mL ＋冰醋酸 5mL ＋硫酸铝钾 3 ～ 5g。

配制时，先将苏木精溶于乙醇中，然后依次加入蒸馏水、甘油和冰醋酸，最后加入研细的硫酸铝钾，边加边搅拌，直到瓶底出现硫酸铝钾结晶为止。混合后溶液呈淡红色，放入广口瓶中，用纱布封口，自然氧化 1 ～ 2 个月，至颜色变为深红色时即可过滤备用，可长期保存。

12. 硫堇染液

取 0.25g 硫堇（亦称劳氏青莲或劳氏紫）粉末，溶于 100mL 蒸馏水中，即可使用。使用此液时，需用微碱性自来水封片，或用 1%NaHCO$_3$ 水溶液封片，能呈多色反应。

13. 亚甲蓝染液

取 0.1g 亚甲蓝，溶于 100mL 蒸馏水中。

14. 詹纳斯绿（Janus green B）染液

将 5.18g 詹纳斯绿溶于 100mL 蒸馏水中，配成饱和水溶液。用时需稀释，稀释倍数视材料不同而异。

四、缓冲液

1. 磷酸缓冲液

贮备液 A：0.2mol/L 磷酸氢二钠溶液（$Na_2HPO_4 \cdot 2H_2O$ 35.61g 或 $Na_2HPO_4 \cdot 7H_2O$ 53.65g 或 $Na_2HPO_4 \cdot 12H_2O$ 71.7g，用蒸馏水定容至 1000mL）。

贮备液 B：0.2mol/L 磷酸二氢钠溶液（$NaH_2PO_4 \cdot H_2O$ 27.6g 或 $NaH_2PO_4 \cdot 2H_2O$ 31.2g，用蒸馏水定容至 1000mL）。

附表 1　磷酸缓冲液

pH	x/mL	y/mL	pH	x/mL	y/mL
5.7	6.5	93.5	6.9	55.0	45.0
5.8	8.0	92.0	7.0	61.0	39.0
5.9	10.0	90.0	7.1	67.0	33.0
6.0	12.3	87.7	7.2	72.0	28.0
6.1	15.0	85.0	7.3	77.0	23.0
6.2	18.5	81.5	7.4	81.0	19.0
6.3	22.5	77.5	7.5	84.0	16.0
6.4	26.5	73.5	7.6	87.0	13.0
6.5	31.5	68.5	7.7	89.5	10.5
6.6	37.5	62.5	7.8	91.5	8.5
6.7	43.5	56.5	7.9	93.0	7.0
6.8	49.0	51.0	8.0	94.7	5.3

注：xmL A ＋ ymL B，稀释至 200mL

2. 柠檬酸 – 磷酸缓冲液

贮备液 A：0.1mol/L 柠檬酸溶液（$C_6H_8O_7$ 19.21g，用蒸馏水定容至 1000mL）。

贮备液 B：0.2mol/L 磷酸氢二钠溶液（$Na_2HPO_4 \cdot 7H_2O$ 53.65g 或 $Na_2HPO_4 \cdot 12H_2O$ 71.7g，用蒸馏水定容至 1000mL）。

附表 2　柠檬酸－磷酸缓冲液

pH	x/mL	y/mL	pH	x/mL	y/mL
2.6	44.6	5.4	3.4	35.9	14.1
2.8	42.2	7.8	3.6	33.9	16.1
3.0	39.8	10.2	3.8	32.3	17.7
3.2	37.7	12.3	4.0	30.7	19.3

pH	x/mL	y/mL	pH	x/mL	y/mL
4.2	29.4	20.6	5.8	19.7	30.3
4.4	27.8	22.2	6.0	17.9	32.1
4.6	26.7	23.3	6.2	16.9	33.1
4.8	25.2	24.8	6.4	15.4	34.6
5.0	24.3	25.7	6.6	13.6	36.4
5.2	23.3	26.7	6.8	9.1	40.9
5.4	22.2	27.8	7.0	6.5	43.5
5.6	21.0	29.0			

注：xmL A + ymL B，稀释至 100mL

3. Tris 缓冲液

贮备液 A：0.2mol/L 三羟甲基氨基甲烷（trishydroxymethyl aminomethane，$C_4H_{11}NO_3$ 24.2g，用蒸馏水定容至 1000mL）。

贮备液 B：0.2mol/L 盐酸。

附表 3　Tris 缓冲液

pH	x/mL	pH	x/mL
7.2	44.2	8.2	21.9
7.4	41.4	8.4	16.5
7.6	38.4	8.6	12.2
7.8	32.5	8.8	8.1
8.0	26.8	9.0	5.0

注：50mL A + xmL B，稀释至 200mL

4. 甘氨酸－盐酸缓冲液

贮备液 A：0.2mol/L 甘氨酸溶液（NH_2CH_2COOH 15.01g，用蒸馏水定容至 1000mL）。

贮备液 B：0.2mol/L 盐酸。

附表 4　甘氨酸－盐酸缓冲液

pH	x/mL	pH	x/mL
2.2	44.0	3.0	11.4
2.4	32.4	3.2	8.2
2.6	24.2	3.4	6.4
2.8	16.8	3.6	5.0

注：50mL A + xmL B，稀释至 200mL

5. 乙酸盐缓冲液

贮备液 A：0.2mol/L 乙酸（冰醋酸 11.55mL，稀释至 1000mL）。

贮备液 B：0.2mol/L 乙酸钠溶液（C₂H₃O₂Na 16.4g 或 C₂H₃O₂Na·3H₂O 27.2g，用蒸馏水定容至 1000mL）。

附表 5　乙酸盐缓冲液

pH	x/mL	y/mL	pH	x/mL	y/mL
3.6	46.3	3.7	4.8	20.0	30.0
3.8	44.0	6.0	5.0	14.8	35.2
4.0	41.0	9.0	5.2	10.5	39.5
4.2	36.8	13.2	5.4	8.8	41.2
4.4	30.5	19.5	5.6	4.8	45.2
4.6	25.5	24.5			

注：xmL A ＋ ymL B，稀释至 100mL

6. 甘氨酸 - 氢氧化钠缓冲液

贮备液 A：0.2mol/L 甘氨酸溶液（NH₂CH₂COOH 15.01g，用蒸馏水定容至 1000mL）。

贮备液 B：0.2mol/L 氢氧化钠溶液（NaOH 8.0g，用蒸馏水定容至 1000mL）。

附表 6　甘氨酸－氢氧化钠缓冲液

pH	x/mL	pH	x/mL
8.6	4.0	9.6	22.4
8.8	6.0	9.8	27.2
9.0	8.8	10.0	32.0
9.2	12.0	10.4	38.6
9.4	16.8	10.6	45.7

注：50mL A ＋ xmL B，稀释至 200mL

7. 柠檬酸缓冲液

贮备液 A：0.1mol/L 柠檬酸溶液（C₆H₈O₇ 19.21g，用蒸馏水定容至 1000mL）。

贮备液 B：0.1mol/L 柠檬酸钠溶液（C₆H₅O₇Na₃·2H₂O 29.41g，用蒸馏水定容至 1000mL）。

附表 7　柠檬酸缓冲液

pH	x/mL	y/mL	pH	x/mL	y/mL
3.0	46.5	3.5	3.4	40.0	10.0
3.2	43.7	6.3	3.6	37.0	13.0

续表

pH	x/mL	y/mL	pH	x/mL	y/mL
3.8	35.0	15.0	5.2	18.0	32.0
4.0	33.0	17.0	5.4	16.0	34.0
4.2	31.5	18.5	5.6	13.7	36.3
4.4	28.0	22.0	5.8	11.8	38.2
4.6	25.5	24.5	6.0	9.5	40.5
4.8	23.0	27.0	6.2	7.2	42.8
5.0	20.5	29.5			

注：xmL A ＋ ymL B，稀释至 100mL

五、其他常用试剂

1. 树胶封固剂

将固体的加拿大树胶或冷杉胶，溶于二甲苯中，稀稠要适当（绝对不能混入水或乙醇），是玻片标本最好的封固剂。

2. 洗液（专用于清洁玻璃仪器和玻片）

取重铬酸钾（工业用）10～20g 溶于 120mL 清水中，加热使其溶解，待冷却后，再加入浓硫酸（工业用）80mL（注意要分多次，每次 5～10mL 逐渐加入，以免发生高热，爆裂玻璃仪器）。洗液腐蚀性极强，操作时要小心，勿使其沾染衣物和皮肤等。洗液配好后，盛入玻璃缸中（必须加盖），可反复使用。直至变成黑绿色时，说明其已氧化变质，则可弃之，及时更换新液。

3. 清洁剂

用 7 份乙醚和 3 份无水乙醇混合，装入滴瓶备用。此清洁剂用于擦拭显微镜镜头上的油剂和污垢等（注意瓶口必须塞紧，以免挥发）。

附录 2　实验室规章制度和安全常识

一、实验室规章制度

1. 学生应按时进入实验室，不迟到、不早退。

2. 实验时保持安静，不喧哗，不吵闹，讨论问题要小声，不影响他人。

3. 按号使用光学显微镜，爱护仪器设备、永久制片和标本，发现仪器故障和损坏物品要及时向老师报告。

4. 实验室严禁吸烟，小心使用酒精灯和电炉，注意安全。

5. 要保持实验室的整洁，不随地吐痰、乱扔纸屑和杂物。每次实验结束，个人要将实验仪器、用品放回原处，将用过的器皿清洗干净，收拾好自己的桌面。各实验小组轮流打扫实验室卫生。

6. 最后离开实验室时，应注意检查水、电、气和门窗，要切实关闭。

二、实验室安全知识

1. 进入实验室必须遵守实验室的各项规定，严格执行操作规程，做好各类记录。

2. 实验室插座、电路容量等应满足仪器设备的功率需求，大功率的用电设备需单独拉线。

3. 使用电器设备时，应保持手部干燥。

4. 仪器设备不得开机过夜，如确有需要，必须采取必要的预防措施。特别要注意空调、电脑等也不得开机过夜。

5. 实验完毕后，应检查所有水龙头是否已经关严。水槽内不可堆积杂物，水槽和排水管道保持通畅。

6. 实验室必须配备一定数量的消防器材，并按消防规定保管、检修和使用。所有在实验室工作的人员，都应该接受消防器材使用培训。

7. 所有化学品和配制试剂都应贴有明显标签，杜绝标签缺失、新旧标签共存、标签信息不全或不清等混乱现象。

8. 认真了解各种药品和试剂的特性，尤其是易燃、易爆、有毒物质和致癌物，必须按照有关规定使用，避免发生事故。

9. 使用细胞培养液、微生物等生物材料时，必须小心谨慎，做完实验后用肥皂、洗涤剂或消毒液充分洗净双手。

10. 若发生突发事故，应先迅速切断电源和火源，然后根据具体情况采取有效措施。